現場で役立つ
オペアンプ回路
―― サーボ系を中心として ――

博士(工学) 涌井 伸二 著

コロナ社

まえがき

　電気電子工学科における必修科目の一つに電子回路がある。筆者の学生時代，トランジスタ，電界効果トランジスタ，そしてなんと真空管を使った電子回路まで扱われた。もちろんいまの時代にあって，真空管の取扱いを講義しても実利は期待できない。加えて，筆者自身の使用経験は皆無であり，要所をおさえた講義はできるわけもない。そのため，おもにトランジスタの接地形式の違い，hパラメータ等価回路の扱いなどを説明する。最終的には，トランジスタを用いた差動回路の動作とその解析，そして電力増幅回路の動作を理解させることまでを講義する。初学者に対して知識を伝授するのであり，トランジスタ単体の動作，およびこれを使った電子回路の基本構造は学ばざるを得ない。

　しかし，卒研配属時の研究あるいはメーカ就職後の仕事の場面で，トランジスタを使った電子回路を扱うことはほとんどない，といってよいであろう。むしろオペアンプを取り扱う場面の方が圧倒的に多い。そのため，トランジスタを使った電子回路の講義が終了した後は，オペアンプに関する内容を話す。もちろん，初学者向け電子回路のテキストには，トランジスタとともにオペアンプに関する記載が必ずある。しかし，それは貧弱で，かつ記載せざるを得ない内容であるものの，これが難しく扱われているように思う。もちろん，基礎的事項の理解は必要である。しかし，とりあえずオペアンプを使った電子回路を製作し，これを使って仕事をしたい人にとっては，冗長な記載になっていると感じる。そのため，オペアンプの講義時には，実務に直結する内容を話している。この経験から，以下の課題が浮き彫りになった。

　（1）　講義では，加減算回路あるいは位相進み補償回路における伝達特性の解析結果を示す。ところが初学者または初級技術者の場合，そもそも加減算回路などの使われ方がわからないので，解析結果だけを示されても実感がわかない。

　（2）　オペアンプが多数個接続されて所望の機能を実現するのであり，その

なかの一つだけを取り出している，ということを初学者は認識できていない。

（3）オペアンプが実現する機能を伝達関数で表現するが，これを導く基本式を立式できない。すなわち，電位と電流の流れを仮定し，これを回路図に記載することをとおして回路方程式を立てられない。

（4）オペアンプを用いた電子回路を製作した後，この機能をオシロスコープあるいはサーボアナライザ（周波数応答分析装置）を使って計測することになる。しかし，従来の書籍では，特に周波数応答と数式との1対1の関係を十分に説明していない。だから，実務の場面では，不可避なミスの原因を特定あるいは推定したうえで，デバッグすることができない。

上記課題を解決するために本書を執筆した。具体的な特徴は以下のとおりである。

（a）上記（1），（2）の解決を図るために，サーボ系の構築という目的のなかにおける一機能としてのオペアンプ回路であるという説明形式を採用した。

（b）上記（3）に対しては，回路方程式を立式するための補助図面を多数掲載した。

（c）上記（4）に対しては，実測の周波数応答を掲載し，この計測結果と数式との対応を詳細に説明した。

サーボ系は閉ループを構成しており，このループが備える固有の性質によって「曖昧性」を強力に抑制してくれる。具体的に，数多くの種類があるオペアンプの選定に多大の時間を費やさずとも，そしてこれに外付けする抵抗およびコンデンサの精度に問題があっても，閉じたループが持つ抑圧特性によってサーボ系を動作させることができる。加えて，パワーオペアンプを除外して，信号処理用のものに対して過酷な取扱いを行っても容易には破壊しない。したがって，試作レベルのサーボ系を構築するのであれば，本書に基づく勉強をとおして，大胆にオペアンプを使った回路を製作し，これをサーボ系に投入してほしいと願う。

最後に，出版にあたり多大なるご尽力をいただいたコロナ社の皆様に感謝します。

2017年6月

涌井　伸二

目　　次

1. オペアンプの活用

1.1 電子回路という科目 …………………………………………… 1
1.2 オペアンプを使用する場面 …………………………………… 6

2. オペアンプ

2.1 パッケージ ……………………………………………………… 12
2.2 ピンアサインメント …………………………………………… 13
2.3 反転アンプと非反転アンプ …………………………………… 14
2.4 外付け素子のインピーダンスおよび伝達関数 ……………… 15
2.5 伝達関数の算出 ………………………………………………… 17
2.6 トラブル例，オペアンプの選定など ………………………… 21
演 習 問 題 …………………………………………………………… 25

3. 補償器

3.1 加減算回路 ……………………………………………………… 39
3.2 バッファアンプ ………………………………………………… 47
3.3 PI 補償器 ………………………………………………………… 50
3.4 PID 補償器 ……………………………………………………… 56
3.5 位相進み補償器 ………………………………………………… 59
3.6 位相遅れ補償器 ………………………………………………… 77

3.7 位相進み遅れ補償器 ……………………………………………… 82
3.8 ローパスフィルタ ………………………………………………… 83
3.9 バンドパスフィルタ ……………………………………………… 89
3.10 ノッチフィルタ …………………………………………………… 92
演 習 問 題 …………………………………………………………… 95

4. 特 殊 回 路

4.1 ゲイン調整・切替え …………………………………………… 116
4.2 時定数の切替え ………………………………………………… 119
4.3 オフセット調整 ………………………………………………… 121
4.4 ゲイン零化のスイッチ ………………………………………… 123
4.5 リ ミ ッ タ …………………………………………………… 126
4.6 IV 変 換 器 …………………………………………………… 129
4.7 ウィンドコンパレータ ………………………………………… 131
4.8 基準電圧の設定とバイアス電流の通電 ……………………… 134
4.9 その他の回路 …………………………………………………… 137
演 習 問 題 ………………………………………………………… 141

5. 電流アンプ

5.1 電流フィードバックとは（DC モータの電流ドライブ回路） ……… 149
5.2 電流フィードバックの有無による比較 ……………………… 154
5.3 電流アンプと補償器の一体化 ………………………………… 157
5.4 パワーデバイスの保護回路 …………………………………… 160
5.5 圧電素子の駆動回路 …………………………………………… 161
演 習 問 題 ………………………………………………………… 165

引用・参考文献 ……………………………………………………… 174
索　　　引 …………………………………………………………… 175

1 オペアンプの活用

　3本足のトランジスタを使った電子回路の解析を行えるようにするためには，1.1節に示すものを含めた数多くの演習問題を解く必要がある。しかし，学生あるいは初級技術者が，解析法を理解し，難なくそれを操れても，残念ながら，実用の電子回路の動作理解は簡単ではなく，いわんや所望の機能を実現する電子回路を設計することもできない。ところが，オペアンプを使った電子回路の場合，基本的な扱いを理解すれば，即座に使いこなせる。そして，1.2節に述べる例のように，オペアンプを活用したい場面はトランジスタに比べて圧倒的に多い。

1.1　電子回路という科目

　電気電子工学科の必修科目の一つに電子回路がある。筆者の学生時代には，バイポーラトランジスタ，電界効果トランジスタ（FET），そして真空管までも扱われた。現在では，対象をトランジスタに絞って，この素子特性，バイアスの与え方，等価回路の扱い，そして具体的な回路を示しての分析方法を講義している。具体的に，トランジスタに関する講義の最終場面では，**差動回路**（differential circuit），そしてA級，B級，AB級，C級電力アンプの動作理解までを扱う。

　ここで，**図1.1.1**（a）にnpn型のトランジスタを使った差動回路の一例を示す。差分の入力電圧に応じて動作する回路であり，同相ノイズを打ち消すなどの特徴を有する。じつは，この回路構造が**オペアンプ**（演算増幅器，operational amplifier を略したオペアンプの呼称が一般的）のなかに実装され

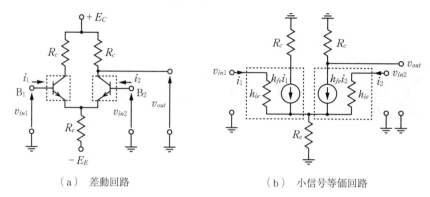

（a）差動回路　　　　　　　（b）小信号等価回路

図 1.1.1　トランジスタを使った差動回路とその小信号等価回路[†]

ている．さて，電子回路の講義では，図 1.1.1（a）の動作を理解させるために解析を実施する．以下のとおりである．

*** 講義内容（その 1）***

図 1.1.1（a）の回路を，h パラメータを用いた同図（b）の小信号等価回路に変換する．この等価回路から，回路方程式は式（1.1.1）である．

$$\left. \begin{array}{l} v_{in1} = h_{ie}i_1 + R_e(1+h_{fe})(i_1+i_2) \\ v_{in2} = h_{ie}i_2 + R_e(1+h_{fe})(i_1+i_2) \\ v_{out} = -R_c h_{fe} i_2 \end{array} \right\} \qquad (1.1.1)$$

次に，$v_{in1}=0$ の条件下で電圧増幅度 $A_v = v_{out}/v_{in2}$ を求めると式（1.1.2）となる．

$$A_v = -\frac{h_{fe}R_c\{h_{ie}+R_e(1+h_{fe})\}}{h_{ie}^2 + 2(1+h_{fe})R_e h_{ie}} \qquad (1.1.2)$$

さらに，近似を行って式（1.1.2）は式（1.1.3）となる．

[†] 抵抗の記号として，旧 JIS では鋸歯状（─\/\/\─）としていたが，現 JIS では箱状（─☐─）に変更している．電子回路では，抵抗を鋸歯状，インピーダンスを箱状に書いて，両者を区別することが一般的であるので，本書では，抵抗とインピーダンスの区別を強調するため，抵抗を鋸歯状，任意のインピーダンスを箱状とした．

$$A_v \approx -\frac{h_{fe}R_c(h_{ie}+R_e h_{fe})}{h_{ie}^2 + 2h_{fe}R_e h_{ie}} \tag{1.1.3}$$

****

初学者にとっての理解を困難にする要因を挙げると以下のとおりである。

〔1〕 **交流的に短絡（ショート）**

図1.1.1（a）の直流電源$+E_C$と$-E_E$は，同図（b）では短絡のうえ接地されている。これを**交流的に短絡**と称する。トランジスタを動作させるには，直流電圧の供給が不可欠である。一方，小信号等価回路では，交流信号に対する振舞いだけをみるため，直流電源$+E_C$と$-E_E$を短絡する。

〔2〕 **トランジスタの h パラメータ等価回路**

h パラメータを使ったトランジスタの等価回路は**図1.1.2**である。ここで，記号の意味は以下のとおりである。

v_1：入力電圧〔V〕，v_2：出力電圧〔V〕
i_1：入力電流〔A〕，i_2：出力電流〔A〕
h_{ie}：出力短絡時の入力インピーダンス〔Ω〕
h_{re}：入力開放時の電圧帰還率〔－〕
h_{fe}：出力短絡時の電流増幅率〔－〕
h_{oe}：入力開放時の出力アドミタンス〔S（$=1/Ω$）〕

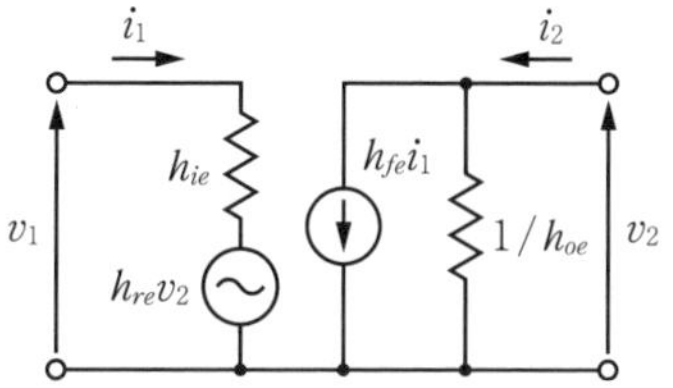

図1.1.2 トランジスタの h パラメータ等価回路

（下付き添字 e はエミッタ接地を意味する）

ところが，小信号等価回路の図1.1.1（b）では，図1.1.2をそのまま使用してはいない。$h_{re}=0$，$1/h_{oe}=\infty$ であることを既知とする回路となっている。

〔3〕 **近似の多用**

式（1.1.2）から式（1.1.3）への近似にあたって，$1+h_{fe} \approx h_{fe}$，すなわち $h_{fe} \gg 1$ というトランジスタの性質を使う。すでに，上記〔2〕において $h_{re}=0$，$1/h_{oe}=\infty$ を導入したことと同様に，トランジスタを用いた回路解析の場合，注意書きがなくても自明なこととして扱われる。結局のところ，上記〔1〕〜

〔3〕の知識を持たないと，回路方程式である式 (1.1.1) を立式できず，したがって，図 1.1.1 (a) の設計指標の一つである式 (1.1.3) の電圧増幅度 A_v も算出できない。

さらに，h パラメータを用いた等価回路の扱いでは，入力インピーダンス R_{in} と出力インピーダンス R_{out} を計算する演習が必ず登場する。筆者も，テキストの記載を踏襲しつつ，補足の説明を加えて図 1.1.3 (a) を示して R_{in} を求めさせる講義を行っている。

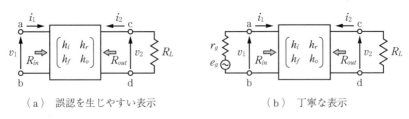

(a) 誤認を生じやすい表示　　　(b) 丁寧な表示

図 1.1.3 h パラメータを使った入力インピーダンス R_{in} の算出

*** 講義内容（その 2）***

基本式は式 (1.1.4) のとおりである。

$$\left.\begin{array}{l} v_1 = h_i i_1 + h_r v_2 \\ i_2 = h_f i_1 + h_o v_2 \\ v_2 = -R_L i_2 \end{array}\right\} \quad (1.1.4)$$

式 (1.1.4) を解いて，$R_{in} = v_1 / i_1$ は式 (1.1.5) となる。

$$R_{in} = h_i - \frac{h_r h_f}{h_o + \dfrac{1}{R_L}} \quad (1.1.5)$$

ここで，特に初学者の場合，端子 a-b の左側に何も接続していないオープンの状態にもかかわらず電流 i_1 が流れている図 1.1.3 (a) の表示には，省略があることを正しく理解したい。因果関係を踏まえて描くと図 1.1.3 (b) である。つまり，内部インピーダンス r_g を持つ信号源 e_g の接続によって，はじめて端子 a-b 間に入力電圧 v_1 を発生させ，結果として電流 i_1，i_2 が流れる。このことを踏まえると，出力インピーダンス $R_{out} = v_2 / i_2$ の導出では，式 (1.1.4)

の第3式から，即座に $R_{out} = -R_L$ としてしまいがちな誤答を避けられる。

具体的に，図1.1.3（b）だけを与えて出力インピーダンス R_{out} を求めさせる問題が与えられたとき，**図**1.1.4に示す図（a）から図（b）の手順が必要となる。

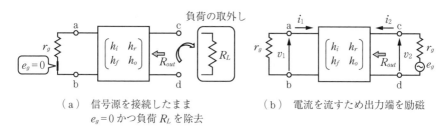

（a）信号源を接続したまま
　　　$e_g = 0$ かつ負荷 R_L を除去

（b）電流を流すため出力端を励磁

図1.1.4　出力インピーダンス R_{out} を求める手順

まず，図1.1.4（a）のように，信号源を接続しておく。ただし，$e_g = 0$ と設定する。さらに，負荷 R_L を外さなければならない。ここで，$e_g = 0$ かつ R_L を外した状態の図1.1.4（a）では，電流 i_1, i_2 が流れるはずがない。そこで，同図（b）のように，出力側の端子 c-d 間に v_2 を印加するために信号源 e_g を接続する。すると，電流 i_2 が，そして電流 i_1 が流れる。そのため，R_{out} を求めるための基本式は式（1.1.6）となる。

$$\left. \begin{array}{l} v_1 = h_i i_1 + h_r v_2 \\ i_2 = h_f i_1 + h_o v_2 \\ v_1 = -r_g i_1 \end{array} \right\} \tag{1.1.6}$$

式（1.1.6）を解いて，R_{out} は式（1.1.7）となる。

$$R_{out} = \frac{1}{h_o - \dfrac{h_r h_f}{h_i + r_g}} \tag{1.1.7}$$

****

さらに，電子回路の講義では，式（1.1.5）の R_{in} と式（1.1.7）の R_{out} を求めさせた後に，3種類の接地形式によって大小関係があることを学ばせる。結果として，3種類のなかで，R_{in} が最も大きく，そして R_{out} が最も小さい接地形

式はコレクタ接地であると知る。

 しかし，残念ながら R_{in} と R_{out} を表す式そのものが，特にサーボ系のなかで使用される回路設計で直接的に生かされることはない。R_{in} と R_{out} が有限であると，回路どうしを縦続接続した際に干渉を引き起こすことを認知させるためだけの演習なのである。

 結局，上述の講義内容を完全に理解しても，このレベルのままでは残念ながら電子回路を設計することも，製作することも，これを道具として使うこともできない。ところが，本書で扱うオペアンプの場合，基本的な事項さえ理解できれば，使いこなせる。例えば，電子回路の講義で登場する既述の式 (1.1.5)，(1.1.7) は，ほとんどの場合まったく気にせずともよい。

1.2 オペアンプを使用する場面

 トランジスタを用いた回路解析を行うためには，まず，基礎となる電気回路の知識の積上げが前提となる。そのため，大学の教育カリキュラムでは，受動素子を使った電気回路の講義が，必ず学年初期に配置される。言い換えると，能動素子を扱う電子回路の講義が，電気回路受講前の学生に課されることはない。しかし，1.1 節で既述のように，トランジスタを中心とする講義だけで，電子回路の設計・製作・デバッグができるものではない。

 ところが，電気・電子を専門としない者でも，オペアンプは容易に使いこなせる。むしろ，容易な扱いができるように，オペアンプ自体が設計されているともいえる。ディジタル時代とはいえ，依然としてオペアンプを使う場面は多い。そこで，以下ではオペアンプの身近な使用例を述べておこう。

〔1〕 光センサの検出回路

 図 1.2.1 は，LED の光が被計測物体に照射され，この反射光が 4 分割フォトダイオード（フォトダイオードを PD と略記）に入射されているようすを示す。より具体的に，被計測物体の変位によって，4 分割 PD に入射する光の位置が変化するので，この変位を電圧として検出する構成を図示している。

1.2 オペアンプを使用する場面

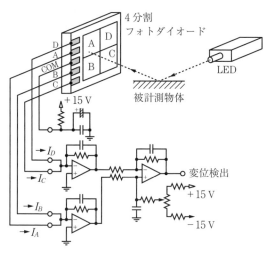

図 1.2.1 光検出回路

ここで，4分割 PD の受光面への入射光は水平方向であるように配置され，(A＋B)－(C＋D) の演算によって変位が検出される．つまり，4分割 PD の使用が必須条件ではなく，たまたまこの素子を所有していたという事情である．したがって，図 1.2.1 に示す電子回路の汎用品はない．そのため，検出回路として機能させるには自作するしかない．

〔2〕 ノイズ低減の回路

位置決めのために位置センサが，機械振動を抑制するために加速度センサが使われる．このとき，センサ出力に高周波ノイズが重畳しており，これを使った補償にとって問題になることがある．解決するため，**図 1.2.2** のようにノイズを除去する，例えばバタワース（Butterworth）フィルタ（図 3.8.4 参照）を介在させ，センサと同フィルタを一体としてサーボ系のなかで使用する．

この場合，設置環境下でのセンサノイズを観測し，この減衰と同時にセンサ出力を使ったサーボ系が不安定化しないように時定数を決め，そしてアナログ基板をどこに実装するのかも考えねばならない．もちろん，仕様を提示し，設計・製作を専門家に委ねることはできよう．しかし，フィルタを再設計し調整する試行錯誤の開発では，当事者が設計，製作，そして調整できることが必要

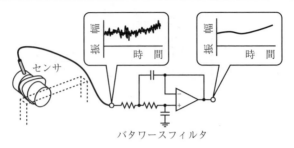

図1.2.2 センサ出力のノイズ低減

となる。

〔3〕 **アクチュエータの駆動**

　サーボ系では，制御対象を駆動するアクチュエータを備える。**図1.2.3**（b）の写真は，供給空気の流量を調整するアクチュエータとしてのサーボバルブである。同バルブは，弁の開閉量によって給気する空気量を調整する空圧機器である。弁の開閉原理は，フレミングの左手の法則に基づく。つまり，サーボバルブは，電気的にみると直流モータであり，当然これをドライブする駆動回路が必要となる。

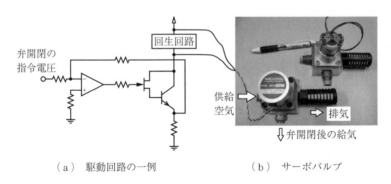

（a）駆動回路の一例　　　　　（b）サーボバルブ

図1.2.3 サーボバルブの駆動回路

　図1.2.3（a）は，駆動回路の一例である。オペアンプと，サーボバルブのコイルに電流を流す電流ブースタから成る。同バルブに通電する電流は，例えば0〜100 mAあるいは0〜200 mAであり，最大電流が弁全開に相当する。つまり，これ以上の電流を通電しても意味がない。したがって，汎用の電流ア

1.2 オペアンプを使用する場面

ンプの出力電流を制限付きで使用できるものの，0〜100 mA あるいは 0〜200 mA 専用の電流アンプを自作できることが望ましい。

〔4〕 **アナログ回路で動作する機器**

加速度あるいは速度という振動を計測するセンサとして，サーボ型のサイズモセンサが知られている。図 1.2.4 吹出し内に示すように，振動子が振動によって上下に揺れたとき，これを平衡位置に戻すフィードバックが施される。

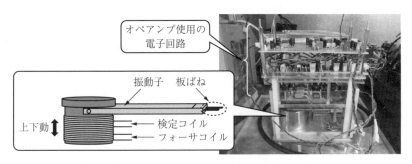

図 1.2.4　オペアンプを使ったサイズモ系の振動センサ

ここで，市販のサイズモセンサのサーボは，オペアンプを使ったアナログ回路で構成されている。これをディジタル制御している製品はない。したがって，振動センサの研究あるいはこの改良を仕事にする場合，オペアンプの取扱いに習熟している必要がある。

〔5〕 **ブロック図の読取り**

図 1.2.5 は，DC モータを駆動する汎用モジュールのブロック図である。同図から，モジュールの機能と動作が理解できる。理解を避けて汎用モジュールをブラックボックスのままで使用したとき，DC モータを駆動源とするメカトロ機器の性能を上げていくことはできない。

ここで，図 1.2.5 は回路図そのものではなく，機能だけがわかるように記載されている。例えば，丸の破線で囲む部分から，ユーザに使用が開放されている「比例ゲイン調整用」と「電流ゲイン調整用」の調整ボリュームがあるとわ

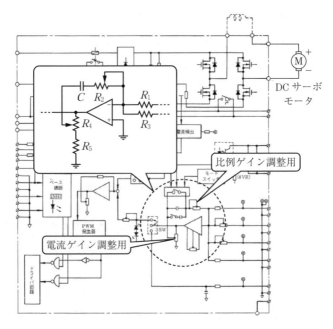

図 1.2.5 DC モータを駆動する汎用モジュールのブロック図
（出典：安川電機製作所の技術ノート Servopack（CPCR-FR, FB 形），
1985 年）

かる．オペアンプに関する知識を持つとき，吹出し内に示す回路構造であることは容易に推測できる．加えて，実装の回路が吹出し内に記載のものと同一ならば，これらの可変抵抗器を調整したとき，厳密にはゲインとともに時定数も調整されることがわかる（図 3.3.5，図 3.3.9 参照）．

つまり，取扱い説明書には 2 箇所ともに「ゲイン調整用」と記載されており，もちろん間違いではない．しかし，精緻にサーボ性能を追求していく場合，ゲインだけでなく時定数も調整によって変化する事実を知っておく必要がある．

〔6〕 回路図の理解

図 1.2.6 は，レーザダイオード（laser diode：LD，**半導体レーザ**ともいう）を駆動する試作の発光回路である．レーザ光を使った光学系の研究開発のとき

1.2 オペアンプを使用する場面

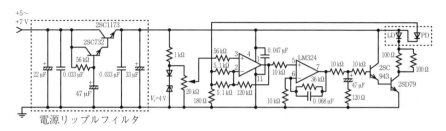

図 1.2.6　レーザダイオードの発光回路

に使われる。これを一つの要素として，つまり道具として活用する研究開発者の場合，発光回路そのものは設計できずともよいであろう。しかし，図 1.2.6 を使用するだけの立場であっても，回路図を読み取り，この機能と動作を知っておくことは無益なことではない。むしろ，無用のトラブルを生じさせないためには，回路図から動作・機能を読み取れていることが望ましい。

まず，左側の破線で囲む部分は，電源リップルフィルタである。LD は電源サージや電源電圧変動によって破壊されやすく，これを避ける機能を持つ。しかし，この機能が完全ではないと思考できれば，電源そのもののサージにも注意を向けたうえで，図 1.2.6 を使用していける。

次に，図 1.2.6 には周辺温度によらず LD の発光パワーを一定にするメインの機能がある。つまり，フィードバック系を構成しており，以下のように動作する。

温度上昇→ LD の光パワー低下→モニタ用の PD 電流の減少→ PD 電流の検出電圧低下（180 Ω）→ LD 駆動の初段トランジスタ（2SC943）のベース電位上昇→ LD 電流の増加→光パワーの増加

ここで，発光パワーを一定にする機能を持つとはいえ，有限の変動はある。さらに，環境の温度変動が許容範囲を逸脱した場合，LD の発光停止あるいは破壊を招くことがあることは知っておきたい。

2 オペアンプ

　基板に実装された能動素子のなかからオペアンプを探し出そうとするとき，パッケージの形から特定できる。そして，所望の特性を実現する回路設計を行い，実際に機能させるには，各端子の機能を表すピンアサインメント，そして理想オペアンプの性質を知らねばならない。さらに，オペアンプを動作させる形態には，反転アンプと非反転アンプの2種類があり，抵抗 R とコンデンサ C から成る受動素子をオペアンプに外付けして望みの特性を実現する。このとき，インピーダンスの計算が行われる。本章では，オペアンプを使用するにあたって，上述の基礎的な事項を学ぶ。

2.1　パッケージ

　オペアンプをパッケージで分類したとき，大別して図 2.1.1 に示す種類がある。まず，同図 (a) は DIP（dual inline package：ディップと呼称）型である。おもにソケットに差し込んで使うので交換が容易である。ただし，製品の場合には，基板に設けた貫通穴に挿入して直にはんだ付けされることが多い。次の

（a） DIP 型　　　（b） CAN 型　　　（c） SOP 型

図 2.1.1　オペアンプのパッケージ†

---

†　図 2.1.1（a）〜（c）の縮尺は同一でないことに注意。

図2.1.1(b)はメタルCANの外装であり、軍用や宇宙開発などの用途となっている。最後の、図2.1.1(c)はSOP(small outline package：ソップと呼称)型である。カモメの翼、あるいは航空機の主翼に似た端子を対向する2辺から伸ばしており、電子基板表面にはんだ付けで実装できる。したがって、小型化を図りたい製品に使われる。手作業の実装は不可能ではないが、DIP型に比べると作業性は悪い。

2.2 ピンアサインメント

2本のリード線を持つ抵抗や無極性のコンデンサの場合、リードを区別して電気接続する必要はない。一方、例えば2個入りオペアンプの場合、合計8本のリード線がある。そのため、各リード線の意味や機能を把握しておかねばならない。

機能把握のために、オペアンプの**仕様書**(specification, specification form, スペックシートとも呼称)を参照することになる。すると、図2.1.1(a)のDIP型の場合、**図2.2.1**の図面を見つけ出せる。同図(a)の場合、＋入力端子（非反転端子）、－入力端子（反転端子）、そして出力端子を持つ三角の記号が2個ある。これがオペアンプを示している。加えて、能動素子としてのオペアンプを動作させるに必要な±電源を供給する端子がある(単電源のオペアンプもあることに注意)。一方、図2.2.1(b)の場合、三角記号は一つだけ、す

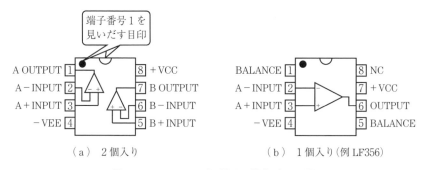

図2.2.1 オペアンプの端子の機能（DIP型）

なわちオペアンプは1個である。なお，NCとはno connectionの略であり，何も接続しない。BALANCEとはオフセット電圧のゼロ調整であり，必要に応じて外付けの可変抵抗器が接続される。

ここで，いずれの端子にも番号が付けられているので，実装配線の際に区別できることに注意したい。ただし，実際のパッケージに番号の刻印はない。パッケージをトップからみたとき，図2.2.1（a）の吹出しに記載の箇所を目印にして端子番号1を特定し，反時計回りに番号が上がっていく決まりとなっている。

2.3　反転アンプと非反転アンプ

オペアンプには外付け素子を接続して機能させるが，まず，大別して2種類の使われ方があることを知っておきたい。

図2.3.1（a）は，入力電圧 v_{in} に対して，出力電圧 v_{out} の位相が反転（180 deg）している**反転アンプ**（inverting amplifier）である。一方，同図（b）は，v_{in} に対する v_{out} の位相が同相であり，これを**非反転アンプ**[†]（non-inverting amplifier）という。

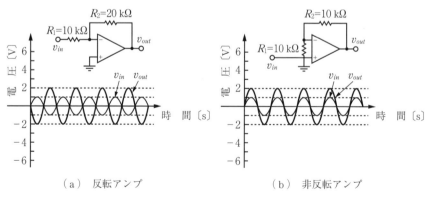

（a）反転アンプ　　　　　　　（b）非反転アンプ

図2.3.1　反転アンプと非反転アンプの時間応答波形

---

† 反転しないという意味。

ここで，図 2.3.1 は外付け素子が抵抗だけの場合であり，説明なしで v_{in} と v_{out} の時間波形を示した．いずれも，v_{in} に対する v_{out} の振幅を大きくする増幅を行っており，位相は周波数に依存することなく反転アンプのとき逆相，非反転アンプのとき同相である．しかし，設計者が増幅度を指定し，さらに v_{in} に対する v_{out} の位相を周波数に依存して変える補償器を設計するためには，v_{in} に対する v_{out} の比である**伝達関数**（transfer function）v_{out}/v_{in} の設計公式を知る必要がある．

2.4 外付け素子のインピーダンスおよび伝達関数

表 2.4.1 に受動素子の回路記号，シンボル，そしてインピーダンスを示す．よく知られているように，角周波数 ω の電源で受動素子 C, L を駆動したとき，コンデンサ C のインピーダンスは $1/j\omega C$，インダクタンス L のそれは $j\omega L$ である．しかし，本書では $j\omega$ をラプラス演算子 s に置き換えてインピーダンスの計算を行う．

表 2.4.1 受動素子の回路記号，シンボル，インピーダンス

素 子	回路記号	シンボル	インピーダンス〔Ω〕	インピーダンス〔Ω〕
抵 抗	—⋀⋀⋀—	R	R	R
コンデンサ	—╂╂—	C	$1/Cs$	$1/j\omega C$
インダクタンス	—⌒⌒⌒—	L	Ls	$j\omega L$

ここで，ダイオード，ツェナーダイオード，あるいは能動素子などもオペアンプに外付けする非線形回路を除外して，線形動作をさせるオペアンプ回路の場合，抵抗 R とコンデンサ C だけが使われる．すなわち，表 2.4.1 の太枠の部分である．言い換えると，インダクタンス L は使わない．したがって，R と C の直列接続のインピーダンス Z および R と C の並列接続のそれは，ラプラス演算子 s を使って**表 2.4.2** のように計算される．もちろん，オペアンプを使った補償器の実現にあたっては，表 2.4.2 に示す R と C の直列接続および並列接続だけに限定されない．同表の接続を基本とした組合せとなる．

表2.4.2 インピーダンス Z の計算

接続形式	インピーダンス Z
R — C (直列)	$Z = R + \dfrac{1}{Cs} = R \cdot \dfrac{1+RCs}{RCs}$
C ∥ R (並列)	$Z = \dfrac{R \cdot \dfrac{1}{Cs}}{R + \dfrac{1}{Cs}} = \dfrac{R}{1+RCs}$

次に，反転・非反転アンプの回路構造と伝達関数 v_{out}/v_{in} を，表2.4.3に示す．後の2.5節で導出手順を示すが，オームの法則と同じように，オペアンプを使いこなそうとするとき，これらは覚えるべき公式である．例外はあるものの，オペアンプを用いたほとんどの電子回路の場合，表2.4.3下段太枠に示す v_{out}/v_{in} を使って，解析および設計ができる．なお，同図の非反転アンプの欄には，描き方を変えた3種類の回路図を示した．すべて同一の回路である．それにもかかわらず，v_{out}/v_{in} の計算ができないことがあり，このようなことを避けるためにあえて記載している．

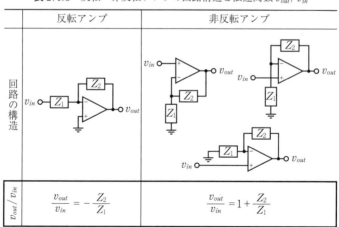

表2.4.3 反転・非反転アンプの回路構造と伝達関数 v_{out}/v_{in}

	反転アンプ	非反転アンプ
回路の構造	(回路図)	(回路図×3)
v_{out}/v_{in}	$\dfrac{v_{out}}{v_{in}} = -\dfrac{Z_2}{Z_1}$	$\dfrac{v_{out}}{v_{in}} = 1 + \dfrac{Z_2}{Z_1}$

2.5 伝達関数の算出

図 2.2.1 あるいは表 2.4.3 に示される三角記号の中身は，トランジスタなどで構成される電子回路網である。これらの電子回路網の特性を逐一解析せねば，オペアンプが使えないとしたら厄介このうえない。

しかし，オペアンプの動作を理解し，かつ解析するためには，**図 2.5.1** の等価回路で用が足りる。ここで，図中の記号の意味は，R_{in}〔Ω〕：**入力インピーダンス**（input impedance），A_0〔無次元〕：**開ループゲイン**（open loop gain），そして R_{out}〔Ω〕：**出力インピーダンス**（output impedance）である。

まず，図 2.5.1 より反転端子に印加する電圧 v_-，非反転端子に印加する電圧 v_+，そして端子間の電圧 e の間には，式 (2.5.1) の関係がある。

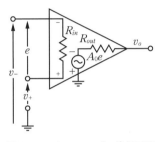

図 2.5.1 オペアンプの等価回路

$$e = v_- - v_+ \tag{2.5.1}$$

このとき，オペアンプの基本機能としての増幅作用は，式 (2.5.2) で表現される。

$$v_o = -A_0 \cdot e = -A_0(v_- - v_+) \tag{2.5.2}$$

しかし，オペアンプが式 (2.5.2) そのもので使用されることはない。外付け素子を接続して運用されるのであり，このときの伝達関数 v_{out}/v_{in} はすでに表 2.4.3 下段太枠に記載した。オペアンプの使用にあたって頻繁に使用するので，覚えておきたい。しかし，理由がわからないと覚えにくいであろう。

以下では，入力インピーダンス R_{in} と開ループゲイン A_0 が有限値の場合（簡単化のため，出力インピーダンス R_{out} は零）の回路を解き，$R_{in} \to \infty$ そして $A_0 \to \infty$ の極限をとったとき，表 2.4.3 下段太枠に記載の伝達関数に一致することを確認してみよう。

〔1〕 反転アンプの場合

図 2.5.2 に示す反転アンプより,式 (2.5.3) 〜 (2.5.5) の回路方程式が得られる。ここでは簡単化のために $R_{out} = 0$ の場合を扱う。

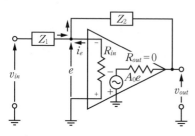

図 2.5.2 R_{in} と A_0 が有限値のときの反転アンプ

$$e = -R_{in}i_e \qquad (2.5.3)$$

$$\frac{v_{in} - e}{Z_1} + i_e = \frac{e - v_{out}}{Z_2} \qquad (2.5.4)$$

$$v_{out} = -A_0 \cdot e \qquad (2.5.5)$$

まず,式 (2.5.3) を式 (2.5.4) に代入して

$$\frac{Z_2}{Z_1}v_{in} + \left(\frac{Z_2 R_{in}}{Z_1} + Z_2 + R_{in}\right)i_e = -v_{out} \qquad (2.5.6)$$

である。次に,式 (2.5.3) を式 (2.5.5) に代入して

$$i_e = \frac{v_{out}}{A_0 R_{in}} \qquad (2.5.7)$$

となる。最後に,式 (2.5.7) を式 (2.5.6) に代入して,伝達関数 v_{out}/v_{in} は式 (2.5.8) である。

$$\frac{v_{out}}{v_{in}} = -\frac{Z_2}{Z_1} \cdot \frac{1}{1 + \frac{1 + (Z_2/Z_1)}{A_0} + \frac{Z_2}{A_0 R_{in}}} \qquad (2.5.8)$$

理想オペアンプの条件である $A_0 \to \infty$,$R_{in} \to \infty$ を考慮したとき,式 (2.5.8) は

$$\frac{v_{out}}{v_{in}} = -\frac{Z_2}{Z_1} \qquad (2.5.9)$$

となる。これは,表 2.4.3 下段に記載した反転アンプの伝達関数の公式と一致する。

〔2〕 非反転アンプの場合

図 2.5.3 に示す非反転アンプの回路方程式は式 (2.5.10) 〜 (2.5.12) である。

$$v_{out} = A_0 \cdot R_{in} i_e \qquad (2.5.10)$$

2.5 伝達関数の算出

$$\frac{0-v_s}{Z_1} + i_e = \frac{v_s - v_{out}}{Z_2} \qquad (2.5.11)$$

$$v_s = v_{in} - R_{in} i_e \qquad (2.5.12)$$

i_e と v_s を消去する代入計算を行って，伝達関数 v_{out}/v_{in} は式 (2.5.13) となる．

$$\frac{v_{out}}{v_{in}} = \frac{Z_1 + Z_2}{\dfrac{Z_1 + Z_2}{A_0} + \dfrac{Z_1 Z_2}{A_0 R_{in}} + Z_1} \qquad (2.5.13)$$

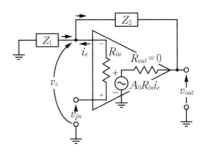

図 2.5.3 R_{in} と A_0 が有限値のときの非反転アンプ

ここで，理想オペアンプの条件 $A_0 \to \infty$，$R_{in} \to \infty$ を考慮したとき，式 (2.5.13) は

$$\frac{v_{out}}{v_{in}} = 1 + \frac{Z_2}{Z_1} \qquad (2.5.14)$$

となる．式 (2.5.14) は，表 2.4.3 下段に記載した非反転アンプの伝達関数の公式と一致している．

上記のように，反転アンプの伝達関数 v_{out}/v_{in} は式 (2.5.9)，そして非反転アンプのそれは式 (2.5.14) と求められ，それらは表 2.4.3 下段太枠に記載され，かつ覚えるべきとした伝達関数の公式と一致する．しかし，式 (2.5.9) と式 (2.5.14) を求めるまでの式展開は煩雑である．実用の場面で，このような手順を経ねば伝達関数が求められないとしたら，オペアンプを活用する研究開発者の層は限定されてしまう．じつは，理想オペアンプの性質を使って，容易に式 (2.5.9) と式 (2.5.14) は求められる．そして，反転・非反転アンプの基本構造とは異なる回路の解析・設計にも対応できる．

理想オペアンプの特性は $A_0 = \infty$，$R_{in} = \infty$，$R_{out} = 0$ であり，解析するうえで二つの性質を使う．一つ目は，**図 2.5.4** に示すように反転端子（−）と非反転端子（＋）の電位差 e が 0 V となる**イマジナルショート**（imaginal short）である．二つ目は，**図 2.5.5** に示す**イマジナルアース**（imaginal earth, imaginal ground, **仮想接地**とも呼称）である．

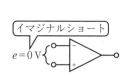
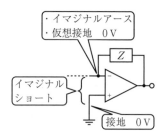

図 2.5.4　イマジナルショート　　　図 2.5.5　イマジナルアース

　それでは，理想アンプの性質を使って，反転アンプおよび非反転アンプの伝達関数を再び算出してみよう．

　まず，**図 2.5.6** の反転アンプの場合，非反転端子は接地されているので①に示すように 0 V である．次に，イマジナルショートなので，②のようにオペアンプの端子間電圧 $e=0$ で，③で示す反転端子の電位は仮想接地で 0 V となる．ここで，入力 v_{in} に電圧が印加されたとき，④に示す経路で電流が流れる．オペアンプの入力インピーダンス $R_{in}=\infty$ なので，反転端子には電流が流れないからである．これらのことを踏まえると，④に示す電流は式 (2.5.15) となる．

$$\frac{v_{in}-0}{Z_1}=\frac{0-v_{out}}{Z_2} \tag{2.5.15}$$

上式を解いて，伝達関数 v_{out}/v_{in} は式 (2.5.9) と同様となり，再掲して式 (2.5.16) である．

$$\frac{v_{out}}{v_{in}}=-\frac{Z_2}{Z_1} \tag{2.5.16}$$

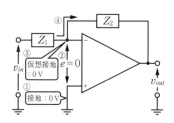
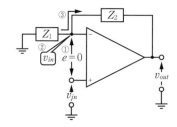

図 2.5.6　理想オペアンプに基づく反転アンプの解析　　　図 2.5.7　理想オペアンプに基づく非反転アンプの解析

次に，**図2.5.7**の非反転アンプの場合，非反転端子にv_{in}が印加されており，①に示すイマジナルショート$e=0$を使って，反転端子の電位も②のようにv_{in}となる．$R_{in}=\infty$なので反転・非反転端子にはともに電流は流れず，電流が③の経路の向きに流れるとしたとき，この電流を表す方程式は式(2.5.17)である．

$$\frac{0-v_{in}}{Z_1} = \frac{v_{in}-v_{out}}{Z_2} \tag{2.5.17}$$

したがって，式(2.5.17)を解いて，伝達関数v_{out}/v_{in}は式(2.5.14)と同様となり，再掲して式(2.5.18)である．

$$\frac{v_{out}}{v_{in}} = 1 + \frac{Z_2}{Z_1} \tag{2.5.18}$$

2.6 トラブル例，オペアンプの選定など

オペアンプの使用にあたって，初歩的とはいえ頻発するトラブル例を述べる．

〔1〕 結線のトラブル

オペアンプを使った電子回路の製作後，誤配線によって機能しないことがある．誤配線には，反転端子（−）と非反転端子（＋）を区別しないというものがある．このような誤配線は，オペアンプを機能させることに関する基本的な認識不足に起因する．オペアンプを線形動作させる場合，反転端子と非反転端子の接続を決して入れ替えてはならない．このことを，負帰還と正帰還という用語を用いて説明しよう．

表2.6.1は抵抗R_1，R_2を用いた反転および非反転アンプに対して，正弦波の入力v_{in}を印加したときの各部の極性を示す．同図左側が正しい接続の場合である．一方，反転端子（−）と非反転端子（＋）は単なる名称に過ぎず，接続においては区別する必要がない．このように誤認した場合が表2.6.1右側である．正しい接続の場合，負帰還によって出力v_{out}が安定化する．一方，誤配

表 2.6.1　負帰還と正帰還の接続

	正しい接続	誤った接続
反転アンプ	（負帰還）	（正帰還）
非反転アンプ	（負帰還）	（正帰還）

線の場合には，正帰還となるために出力 v_{out} を安定化できない．このことをみていく．

まず，表 2.6.1 左側上の反転アンプを参照して，標準的な回路図の描き方に対して，帰還抵抗 R_2 を入力抵抗 R_1 と同じ場所に配置する．つまり，入力 v_{in} を導き入れる抵抗 R_1 と同様に，出力 v_{out} をオペアンプに導き入れる R_2 という配置である．v_{in} に ① の正弦波を印加したとき，v_{out} は反転して ② となる．これは ③ の波形そのものである．入力 ① に対する ③ の位相は反転しており，したがって負帰還になっている．

一方，表 2.6.1 右側上のように，反転端子（−）と非反転端子（＋）を逆にして接続した場合を考える．① の v_{in} を導き入れる R_1 は非反転端子に接続されているので，v_{out} も同位相の ② となる．これが ③ の部位に戻されて，R_2 を介してオペアンプに入力となっている．① と ③ は同位相であり，つまり正帰

2.6 トラブル例, オペアンプの選定など

還がかかることになり, 回路は線形動作とならない。

次に, 表2.6.1左側下を参照する。入力①は非反転端子に入っているので, 出力②は①と同位相となる。②と同一の波形は③である。R_2, R_1で分圧された電圧が, 反転端子 (−) に入力されているので負帰還となっている。一方, 表2.6.1右側下の場合, ③の極性の波形が非反転端子 (+) に入力されている。この入力と同相となる出力②を生成するので正帰還となる。

〔2〕 **電源の未接続のトラブル**

オペアンプに外付け素子を接続した後, 設計どおりの機能が実現されていることを試験する。このとき, 機能を満たさないことがある。多くの場合, オペアンプへの電源の未投入という初歩的なミスに起因する。

例えば, **図2.6.1**は製品回路図の一部である。左上記載の回路だけを別の基板で製作させたことがある。製品での回路は動作しているので, 別基板上に誤配線なしで製作したときにも正常に動作するはずだ。ところが, 機能しないという報告を受けた経験がある。じつは, 電源が未投入だったのである。同図右側下を参照しよう。これは, 電源の供給を示す。つまり, 型番OP400Fのオペアンプの4番端子に+15Vを, 11番端子には−15Vを供給することを回路図面が指示している。初心者はこの記載を見落としたのである。

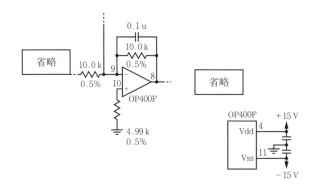

図2.6.1　製品回路図の一部

次に, 外付け素子の抵抗, コンデンサ, そしてオペアンプの選定と, オペアンプの周波数特性に関する注意事項を述べる。

〔3〕 抵抗とコンデンサの選定

まず，ハンドリングが容易なアキシャルリード型の固定抵抗器には，おもに炭素（カーボン）皮膜抵抗と金属皮膜抵抗がある．ここで，式 (2.5.16) が成り立つ反転アンプにおいて，$Z_1 = R_1$，$Z_2 = R_2$ での使用のときの増幅度は $-R_2/R_1$ となる．したがって，抵抗 R_1，R_2 の精度，温度係数〔ppm/℃〕，そして経年変化の影響は，そのまま増幅度に反映することになる．

次に，コンデンサの使用は，電源フィルタリング，位相補償，そして時定数用に分類される．ここで，電源フィルタリング用途の場合，容量値の精度および温度特性に気をつかう必要はない．一方，位相補償と時定数用途のコンデンサについては，精度が確保され，温度特性および雑音特性に優れたフィルムコンデンサあるいはマイラコンデンサを使っておきたい．

なお，チップ抵抗およびチップコンデンサを使用したい場合，ピンセットを使用すればハンドリングは可能である．

〔4〕 オペアンプの選定

オペアンプの種類は，数百といわれている．これらの特性を参照し，さらに相互比較して選び出す作業は煩雑極まりない．まずは，馴染みがある，あるいは使用実績のあるオペアンプを使うことを勧めたい．筆者の場合，以下のオペアンプを使用している．

・汎用オペアンプ：NJM4560, NJM4558, TA75458
・JFET 入力のオペアンプ：TL082, LF356, LF357
・コンパレータ：μPC339, LM311

〔5〕 注意事項としてのオペアンプの周波数応答

図 2.5.1 では，オペアンプの開ループゲインを周波数に依存しない一定値 A_0〔無次元〕とおいた．しかし，実際には，図 2.6.2 に示すように，オペアンプそれ自体の開ループ特性は，周波数によって変化する．オペアンプの使用にあたっては，このことを踏まえておきたい場面がある．

まず，図 2.6.2 内の回路 A の場合，設計どおりに，折点周波数 6.98 kHz 以降，ゲインがロールオフしていく．ここで，回路 A のコンデンサを取り除い

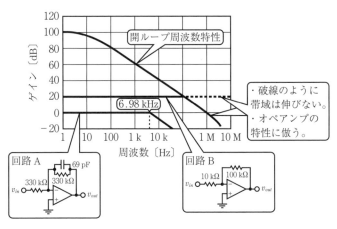

図 2.6.2 オペアンプの開ループ周波数特性と回路設計の関係

て，かつゲインを高めるために回路 B を採用したとしよう．この場合，$|v_{out}/v_{in}|=10$ となり，周波数に依存することなくゲイン 20 dB と計算される．ところが，図中の破線のように無限大の周波数まで 20 dB とはならない．つまり，100 kHz あたりからは，オペアンプの素の周波数特性にならってロールオフする．

演 習 問 題

【2.1】 電源の供給

問図 2.1 は，2 個入りオペアンプを多数個使用した電子回路の基板である．これに電源を供給した．しかし，導通不良でオペアンプには電源が供給されて

問図 2.1 デバッグ中の電子回路

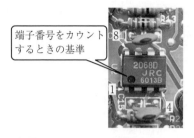

解図 2.1 オペアンプの端子番号のカウント

いないと思われた．どのようにチェックすればよいかを説明せよ．

[解答] 2個入りオペアンプの電源端子は4番と8番である．オペアンプのパッケージ表面の○印に近いピンが1番である．これを基準にして反時計回りの方向にピン番号を付けている．したがって，**解図 2.1** に示すように，4番が $-V_{EE}$ ($-12 \sim -15\,\mathrm{V}$)，8番が $+V_{CC}$ ($+12 \sim +15\,\mathrm{V}$) である．この端子にテスタあるいはオシロスコープのプローブをあてて，上記の電位の有無を確認する．

【2.2】 抵抗を内蔵する差動アンプ

オペアンプ INA105 のピンアサインメントを**問図 2.2** に示す．使用法を考察せよ．

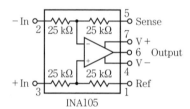

問図 2.2 INA105 のピンアサインメント

[解答] ゲイン1の差動アンプの回路図は**解図 2.2** のようである．図中の記号を用いて，v_{out} は

$$v_{out} = \frac{R}{R}(-v_{in1} + v_{in2}) = -v_{in1} + v_{in2}$$

となる（後述の式 (3.1.4) 参照）．上式の実現のためには，**解図 2.2** のように4本の抵抗 R を外付けすればよい．ところが，INA105 では，高精度なゲインと同相除去 (CMR) を実現するために，レーザでトリミングされた抵抗 $25\,\mathrm{k}\Omega$ があらかじめ内蔵されている．したがって，外付け抵抗なしで端子（1～7番）を**解図 2.2** のように結線したときゲイン1の差動アンプとなる．

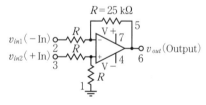

解図 2.2 INA105 で実現する差動アンプ

演 習 問 題　　　　　27

【2.3】　オペアンプのパッケージ

問図 2.3 に並べた 6 個の DIP 型 IC は，いずれも 8 ピンの端子を備える。すなわち，パッケージは同一である。オペアンプを使って，ゲイン 10 の反転アンプを製作したい。適切な型番を選択せよ。

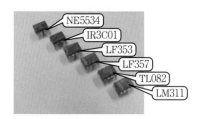

問図 2.3　端子 8 ピンの DIP 型 IC

解　答　パッケージが同一でも，線形動作のオペアンプではないものがある。したがって，使用にあたっては仕様書を参照して，機能を確認する必要がある。問図 2.3 に記載した型番の機能は下記のとおりである。したがって，下線を施した IC を使って，ゲイン 10 の反転アンプは製作できない。

・NE5534：低雑音高速オーディオオペアンプ
・IR3C01：半導体レーザ用の APC（automatic power control）回路
・LF353：JFET 入力のオペアンプ
・LF357：JFET 入力のオペアンプ
・TL082：JFET 入力のオペアンプ
・LM311：差動コンパレータ

【2.4】　回路図面上の番号

問図 2.4 は製品回路図の一部である。オペアンプ端子の箇所に，○印で囲む

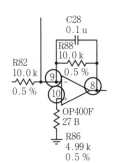

問図 2.4　オペアンプ端子の番号

番号 8，9，10 が付けてある。番号の意味を説明せよ。

解答 OP400 のカタログを参照すると，オペアンプは 4 個実装されている。解図 2.3 に示すピンアサインメントのとおりである。したがって，同図を参照して，番号 8，9，10 が付いた四角の破線で囲むオペアンプを，問図 2.4 の回路では使用している。

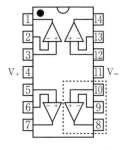

解図 2.3　OP400 のピンアサインメント

【2.5】 抵抗値許容差の表示

問図 2.5 において，抵抗値の下に 0.5％の表示がある。この意味を説明せよ。

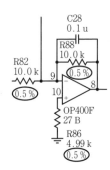

問図 2.5　抵抗値に対する 0.5％の表示

解答 固定抵抗器として，炭素皮膜抵抗と金属皮膜抵抗などがある。前者の抵抗値許容差は一般に±5％である。一方，金属皮膜抵抗器では，±0.5％，±1％，そして±2％の規格がある。したがって，問図 2.5 に記載の 0.5％は，金属皮膜抵抗を使うことを指定している。

【2.6】 カスケード接続

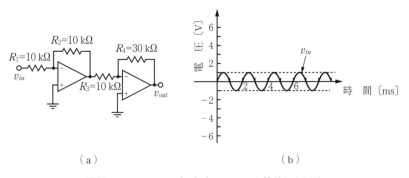

（a）　　　　　　　　　　　　　　（b）

問図 2.6　オペアンプ 2 個をカスケード接続した回路

問図2.6は，オペアンプ2個を**カスケード接続**（cascade connection，縦続接続とも呼称）した回路である．図示の入力 v_{in} のときの出力 v_{out} を描け．

解答　反転アンプ2段のカスケード接続なので，v_{in} と v_{out} の極性は一致する．すなわち，v_{in} が正の電圧のとき，v_{out} も正である．同様に，v_{in} が負の電圧のとき，v_{out} も負となる．そのうえで，ゲインの計算をする．初段オペアンプのゲインは1，そして2段目のそれは3であり，総合のゲインは $1 \times 3 = 3$ となる．したがって，v_{out} は**解図2.4**のとおりである．

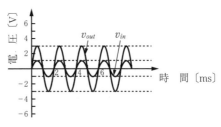

解図2.4　演習図1の出力電圧 v_{out}

【2.7】　抵抗値の選択

反転アンプを使って，ゲイン1の回路を実現したい．具体的な素子値を記載した**問図2.7**（a），（b）の可否を述べよ．

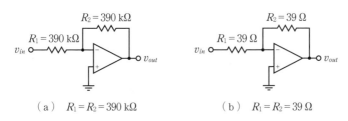

問図2.7　外付け抵抗値の選択

解答　ゲイン1の反転アンプの伝達関数は，式(1)である．

$$\frac{v_{out}}{v_{in}} = -\frac{R_2}{R_1} = -1 \tag{1}$$

したがって，$R_1 = R_2$ と選べばよいので，問図2.7（a），（b）ともに式(1)を満たす．しかし，実装にあたって図(b)を選んではならない．

式(1)を求めるときの考えの道筋は，**解図2.5**（a）のとおりである．すなわち，R_1 に流れる電流①はオペアンプの反転端子には流れ込まず，帰還抵抗 R_2 にも①と同じ電流②が流れる．そうすると，R_2 での電圧降下は図示のとおりであり，出力 v_{out} は仮想接地の電位0Vと R_2 での電圧降下分 $R_2(v_{in}/R_1)$ の和になるため式(2)である．

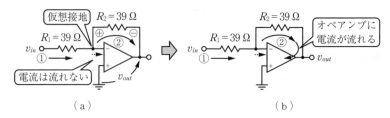

解図 2.5　低い値の抵抗を使った場合

$$v_{out} = 0 + \left(-R_2 \cdot \frac{v_{in}}{R_1}\right) = -\frac{R_2}{R_1} \cdot v_{in} \tag{2}$$

　ここで，電流②による R_2 での電圧降下だけを知る補助図面ならば，解図 2.5（a）の記載でよい。しかし，この図面では電流②の出力 v_{out} の端子以降の行先が不明瞭である。電流②が途中で遮断されるわけがない。実際には，解図 2.5（b）のようにオペアンプの出力に流れ込む。そうすると，$R_2 = 39\,\Omega$ と選んだ場合，オペアンプの出力端に大きな電流を流し込む。したがって，同アンプは発熱する。そして，入力抵抗 $R_1 = 39\,\Omega$ の低い抵抗値は，これに接続している信号源の出力インピーダンスが十分に低ければ問題はない。しかし，解図 2.5（a）の v_{in} が図示しないオペアンプの出力と接続されているならば，同オペアンプにとって R_1 は負荷となるため，大きな電流を流す。そのため発熱する。

　それでは，$R_1 = 10\,\text{M}\Omega$，$R_2 = 10\,\text{M}\Omega$ という高抵抗を使ったとき，オペアンプは発熱しない。しかし，このような高抵抗の使用も不可である。理想オペアンプの入力インピーダンスは∞として扱われるが，実際のそれは有限であり，この値よりも大きい抵抗を外付けしたとき電流は流れないからである。

【2.8】　外付け素子としてインダクタンスは不使用

　問図 2.8 に示す回路の伝達関数 v_{out}/v_{in} を計算せよ。さらに，インダクタンス L の使用の可否について考察せよ。

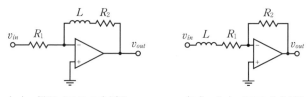

（a）帰還パスに L を挿入　　　（b）入力パスに L を挿入

問図 2.8　インダクタンスを使った回路

[解答] インダクタンス L のインピーダンスは Ls である。したがって，反転アンプの伝達関数の公式（表2.4.3左下段）を用いて伝達関数を導ける。

まず，問図2.8（a）の伝達関数 v_{out}/v_{in} は式（1）である。

$$\frac{v_{out}}{v_{in}} = -\frac{R_2}{R_1}\left(1+\frac{L}{R_2}s\right) \tag{1}$$

同様に，問図2.8（b）の伝達関数 v_{out}/v_{in} は式（2）となる。

$$\frac{v_{out}}{v_{in}} = -\frac{R_2}{R_1}\cdot\frac{1}{1+\left(\dfrac{L}{R_2}\right)s} \tag{2}$$

式（1），（2）のように，計算問題としての伝達関数は求められるが，オペアンプに対する外付け素子として L が用いられることはない。

もともと，アクティブフィルタは，回路中の L を排除するために考え出されたものである。排除したい理由は，L はコアにコイルを巻線して作られるため，特に低周波用のフィルタを実現する場合には，サイズが大きくなり，したがってコスト高となるからである。

例えば，式（2）で $R_1=10\,\text{k}\Omega$，$R_2=100\,\text{k}\Omega$ と選んで，折点周波数 50 Hz のローパスフィルタを実現する場合，インダクタンス L は

$$L = \frac{R_1}{2\pi \times 50} = 31.8\,\text{H}$$

となる。これは巨大な値である。そのため，特別に製作する必要があり，製作できても PC 基板上に実装することは不可能である。一方，折点周波数 50 Hz のローパスフィルタを後述の図3.8.3で実現するとき，$R_1=10\,\text{k}\Omega$，$R_2=100\,\text{k}\Omega$ のもとで $C=0.031\,8\,\mu\text{F}$ と算出される。計算どおりの値を持つコンデンサはないが，近傍の値である $0.033\,\mu\text{F}$ は E24 系列[†] のなかにある。

【2.9】 回路計算なしで伝達特性を導出

後述の図3.1.4を再掲したのが，**問図2.9** である。本演習ではスイッチ SW は閉じているとする。このとき，$v_{out}=v_{in}$ である。数式を使うことなく，v_{out}

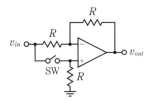

問図2.9 図3.1.4でSWがオンの場合

---

† 抵抗やコンデンサの推奨値として定められている規格。

$= v_{in}$ が成り立つことを示せ.

[解答] 解図 2.6 を参照して，スイッチ SW がオンのとき，オペアンプの非反転端子（＋）の電圧は ① のように v_{in} である．次に，② に示すように，理想オペアンプのイマジナルショート，すなわち反転端子（－）と非反転端子（＋）間の電位差は 0 V という性質を使うと，反転端子の電位も ③ のように v_{in} となる．そうすると，入力抵抗 R の両端電位はそれぞれ v_{in} となるので，この抵抗には電流は流れない．したがって，⑤ のように帰還抵抗 R にも電流は流れない．電流が流れないということは，帰還抵抗 R の両端子の電位は等しいことを意味するため，⑥ のように $v_{out} = v_{in}$ となる．

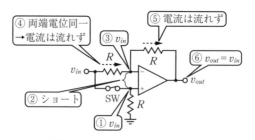

解図 2.6 $v_{out} = v_{in}$ を導く考察の順番

【2.10】 多数個のオペアンプが縦続接続されたときの極性

問図 2.10 は，オペアンプを多段接続した補償回路である．最終的には同図右側のコイルに電流を通電する．コイルに流す電流の向きによって，駆動される物体の移動方向が決まる．したがって，A と C（B と D）を接続するのか，あるいは A と D（B と C）を接続するのかという極性判定は，物体の制御にとって重要なポイントとなる．この判定方法を述べよ．

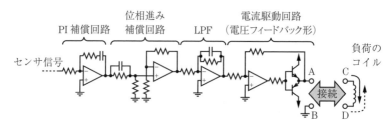

問図 2.10 オペアンプを多段接続した補償回路

演　習　問　題　　　　　　33

解答　問図2.10では，PI補償回路，位相進み補償回路，LPF，そして電流駆動回路がカスケード接続されている．3章以降で各回路の詳細な伝達関数を求めているが，この演習問題では伝達関数の導出は不要である．

まず，解図2.7左側のように，センサ信号が低周波数の正弦波①であるとする．①の信号は，反転アンプ（PI補償回路）に入力されているので，この出力は①を反転した②となる．②はRとCから成る受動回路に入力されているので，この出力は②と同様の極性を持つ③となる．さらに，③は次段の非反転アンプに入力されており，この出力は③と同極性となる．そして，④は反転アンプ（LPF）への入力であるため，この出力は④の反転である⑤となる．最後に，⑥に示すように，正弦波信号⑤がHighの電位で負荷には破線の向きに，⑤がLowの電位で実線の向きに電流を流す．したがって，Aの部位での電位は⑦の極性となる．

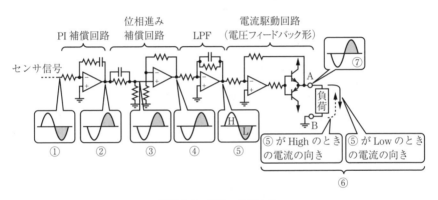

解図2.7　極性の検証方法

【2.11】　接地（グランド）の表示

問図2.11（a）はバタワースフィルタ（2次LPF）であり，後の3.8節【回路例3】で伝達関数v_{out}/v_{in}を求める方法を詳しく解説している．ここでは，接地（グランド）の描き方に着目しよう．書籍によっては，問図2.11（a）に代えて，図（b），（c）のように回路図を描く場合もある．これらの差異を考察せよ．

解答　回路解析あるいは製作にあたって，問図2.11（a），（b），（c）の間に差異はない．しかし，初学者の場合，同図（a）が図（b）もしくは図（c）を表現しているにもかかわらず，v_{in}あるいはv_{out}の配線が1本だけであると誤認して，回路の製作・試験を行うことがある．再び問図2.11（a）を参照して，入力v_{in}，出力v_{out}

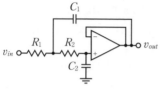
（a）簡易な表示

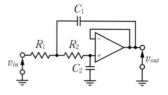
（b）入力 v_{in} と出力 v_{out} の電位の基準（グランド）を意識させる描き方

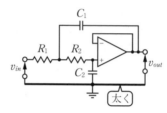
（c）製作を意識した表示

問図 2.11　さまざまな接地（グランド）の表示

を 1 本の配線上に単純に記載しているが，これは電位の基準 0 V から入力端子の箇所を観測したとき v_{in}，同様にグランドから出力端子を観測したとき v_{out} であることを意味している。

なお，問図 2.11（c）のグランドラインは太く描かれている。製作にあたって，グランドラインを太く実装すべきであることを指示している。

【2.12】電源フィルタ用のコンデンサの挿入箇所

問図 2.12（a），（b）では，四角の破線で囲む電源フィルタ用コンデンサ（電源のデカップリング）の描かれる場所だけが異なる。それ以外は同一の回

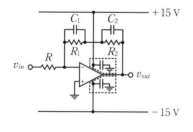
（a）電源端子の直近に配置

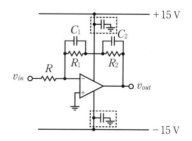
（b）電源端子から離れて配置

問図 2.12　電源フィルタ用コンデンサ

路図である。違いを考察せよ。

解答 問図 2.12（a）の場合，オペアンプ電源端子の直近に電源フィルタ用コンデンサを配置した描き方である。実装にあたって，そのようにすべきことを回路図によって示している。反対に，問図 2.12（b）の場合，同コンデンサの好ましい実装配置を図面では陽に示していない。

なお，**解図 2.8** は，電源 ±15 V のリップル，あるいは配線の引回しに起因するオペアンプの発振を防止するために，オペアンプの電源供給端子の直近に RC フィルタを挿入した回路図である。

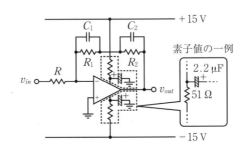

解図 2.8 RC フィルタ

【2.13】 ゲイン dB の計算

伝達関数 $G(s)$ が与えられ，これに $s = j\omega$ を代入した次式の $G(j\omega)$ を**周波数伝達関数**（frequency transfer function）という。

$$G(j\omega) = |G(j\omega)|e^{j\phi} \quad (ただし, \ \phi = \angle G(j\omega))$$

ここで，ゲインと位相はそれぞれ以下のように定義される。

ゲイン：$20 \log_{10}|G(j\omega)|$〔dB〕，位相：$\angle G(j\omega)$〔deg〕

さて，$G(j\omega)$ として，オペアンプで構成した電子回路の v_{out}/v_{in} を考える。ある周波数の入力電圧 v_{in} に対して，出力電圧 v_{out} を同期させて観測した**問図 2.13** からゲイン〔dB〕を算出せよ。

解答 問図 2.13（a），（b）ともに，v_{in} の振幅の最大値は ±1 V，そして v_{out} のそれは ±2 V である。したがって

$$ゲイン：20 \log_{10}|G(j\omega)| = 20 \log_{10} \frac{2}{1} = 6 \ \text{dB}$$

となる。問図 2.13（a）の場合は v_{in} に対して v_{out} の位相は遅れており，図（b）はこの位相遅れが反転状態の 180 deg になっている。両者の位相ずれは互いに異なるもの

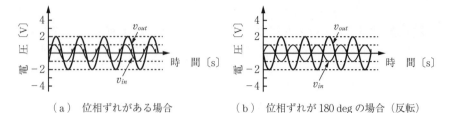

(a) 位相ずれがある場合　　　（b) 位相ずれが 180 deg の場合（反転）

問図 2.13　入出力波形から倍率（ゲイン）を算出

の，v_{in} と v_{out} の振幅の最大値を読み取って，増幅度 v_{out}/v_{in} を，すなわちゲイン〔dB〕を自然に導くことができる。この行為が，定義式で絶対値 $|G(j\omega)|$ をとることに相当する。

なぜ，自明なことを説明したかといえば，倍率にマイナス符号（−）が付いたとき，誤計算をしやすいからである。例えば，倍率 10 のアンプのゲインは，$20\log_{10}10^1$ = 20 dB である。一方，倍率 −10 のアンプのゲインも 20 dB と同一である。しかし，マイナス符号も組み込んで，例えば −20 dB という解答を出す過誤がある。マイナス符号は位相情報の明示であり，ゲイン特性の計算では考慮しない。

【2.14】 余ったオペアンプの処理

問図 2.14 の破線で囲むオペアンプ以外のものは，すべて外付け素子を接続して機能させているとしよう。破線内のオペアンプは不使用にもかかわらず，6 番と 7 番をショートしたうえで，5 番を接地している。この理由を考察せよ。

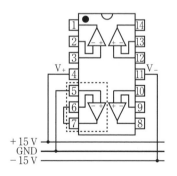

問図 2.14　余ったオペアンプの処理
（ボルテージフォロワの処理）

解答　問図 2.14 の四角の破線で囲むオペアンプは不使用であるから，入力端子には何も接続する必要はない。ほとんどの場合，両端子および出力端子が開放状態でも問題は生じない。しかし，特に製品回路の場合，ノイズなどで不使用のオペアンプの出力がフルスイングすることによる悪影響を避けるため，問図 2.14 のように，

ボルテージフォロワにする。つまり，未使用アンプは，入力電圧を固定し正常動作させておく。

【2.15】 原初的な動作状態の確認

オペアンプがおもに用いられた電子回路に不安定性がある。デバッグの必要性がある。どのようにチェックすればよいのかを考察せよ。

解答 電子回路であり，電源，配線関係の点検を踏まえ，かつ設計どおりの出力があることをテスタあるいはオシロスコープを使って確認することになる。正当な方法であるが，原初的には，解図2.9のように，樹脂モールドのパッケージに触ることを勧めたい。この表面温度を手先で感じ取って，異常の有無を判定できることがある。

【2.16】 オペアンプ回路のデバッグと簡易な周波数応答の確認

解図2.9 樹脂モールドのパッケージに触る

後の3.8節で解説するLPFをオペアンプで製作した。このデバッグを兼ねて，設計どおりの折点周波数であるかをチェックしたい。周波数応答分析装置（通称，サーボアナライザ）は保有していないとき，どのようにすればよいかを考察せよ。

解答 解図2.10のように接続する。グランドを基準にして上下対称の出力波形になることを確認する。次に，発信器の出力を低い周波数から高い周波数へ掃引し，オシロスコープで観察しているLPFの出力波形の振幅が，高周波数になるほど低下することを確認する。$1/\sqrt{2}$（＝0.7）の振幅低下がある周波数が折点周波数となる。

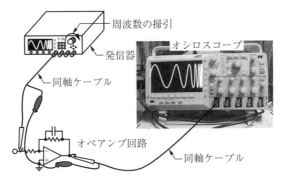

解図2.10 発信器とオシロスコープを用いたデバッグ

【2.17】 オペアンプの型番を変えるのはなぜ

問図 2.15 は，オペアンプを用いて実現される振動センサのブロック線図である。図中の太枠部分でオペアンプが使われる。汎用オペアンプ NJM4560 をベースにしているが，PI 補償器だけはほかの型番とした。しかし，型番同一のオペアンプを使用した方が，調達，実装，およびコストの観点からは好ましい。PI 補償器の実現にあたって，NJM4560 を使わない理由を考察せよ。

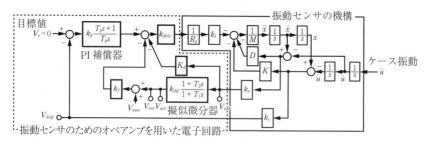

問図 2.15 オペアンプを用いて実現される振動センサのブロック線図

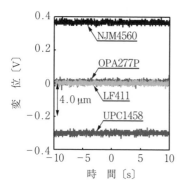

解図 2.11 オペアンプの選定によるサーボ系のオフセットの差異

〔解答〕 オペアンプには，入力電圧・電流オフセットがある。特に，後者の小さいオペアンプの選定が必要である。入力電圧・電流オフセットの大きい汎用オペアンプ NJM4560 あるいは UPC1458 を用いた場合，振動センサの出力である変位信号 V_{disp}（問図 2.15 参照）にアライメント誤差がオフセットとして**解図 2.11** に示すように大きく残留する。一方，同図より，入力電流オフセットの小さい精密オペアンプ LF411 と OPA277P を用いた場合，アライメント誤差を低減できている。

3 補償器

 一般的なサーボ系のブロック線図を下図に示す.本章では同図において,破線の四角で囲まれる部分の回路構造を説明する.具体的に,目標値 r とセンサ出力 v_s の差分をとって**偏差**(error)e を求めるところ,そして偏差を入力とする**補償器**(compensator)の部分である.

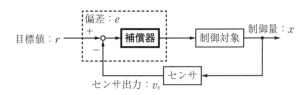

図 一般的なサーボ系のブロック線図

3.1 加減算回路

 目標値 r とセンサ出力 v_s から偏差 e を算出するいくつかの回路を扱う.まず,**図 3.1.1**(a)の破線で囲む部分では,目標値 r とセンサ出力 v_s を比較して偏差 e を求めている.いわゆる,**加え合せ点**(summing junction, summing

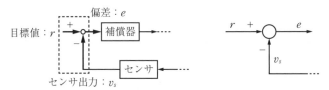

(a) 偏差 e を導出する加え合せ点 　　(b) 計算のための符号付け

図 3.1.1 偏差信号の算出

point）である。

偏差 e は図 3.1.1（b）より、式 (3.1.1) である。

$$e = r - v_s \tag{3.1.1}$$

式 (3.1.1) において、右辺第 2 項の符号がマイナスのとき、**負帰還**（negative feedback）という。ほとんどの場合、負帰還である。まれに、この符号がプラスのときもある。これを**正帰還**（positive feedback）という。以下に、式 (3.1.1) を実現する回路を示そう。

【回路例 1】 反転アンプを用いた信号の加算

図 3.1.2（a）は反転アンプであり、この伝達関数は式 (3.1.2) である。

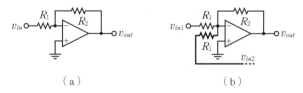

（a） （b）

図 3.1.2 反転アンプを用いた信号の加算

$$v_{out} = -\frac{R_2}{R_1} \cdot v_{in} \tag{3.1.2}$$

この反転アンプに信号 v_{in2} をさらに加算するために、図 3.1.2（b）太線のように R_1 を追加すると

$$v_{out} = -\frac{R_2}{R_1} \cdot (v_{in1} + v_{in2}) \tag{3.1.3}$$

である。上式が式 (3.1.1) を実現している。式 (3.1.1) と式 (3.1.3) の対応は次のとおりである。

$e \Leftrightarrow v_{out}$　　　$r \Leftrightarrow v_{in1}$　　　$v_s \Leftrightarrow v_{in2}$

ここで、(i) 式 (3.1.3) に現れる $(-R_2/R_1)$ が式 (3.1.1) にはなく、さらに、(ii) 式 (3.1.1) 右辺の $(r - v_s)$ に対して、式 (3.1.3) 右辺では $(v_{in1} + v_{in2})$ となっている。このことに違和感があるかもしれない。まず、前者 (i) に関しては、$R_1 = R_2$ と選べばよい。そして、(ii) に関しては、v_{in1} に対して負帰還になるように v_{in2} の符号を選ぶ。したがって、図 3.1.2 を使って、加え合せ点

(図3.1.1参照)を実現できる。

次に，位置決め機器において，偏差 e を求める具体例を**図3.1.3**に示す。同図（a）は，ステージを太矢印の方向に位置決めする場面である。ステージの移動距離を測定するセンサヘッドは固定されており，これにステージが近付いたとき，変位検出回路の出力はプラスの出力である。例えば，100 μm の移動を行わせる場合にあって，目標値にこの移動距離に相当する +1 V を入力し，ステージの移動量を観測している変位検出回路の出力が +1 V であったとき，〇印で示す加え合せ点の符号に基づくと「目標値 − 変位検出回路」 = +1 − (+1) = 0 V となって，目標値どおりにステージが移動したことになる。

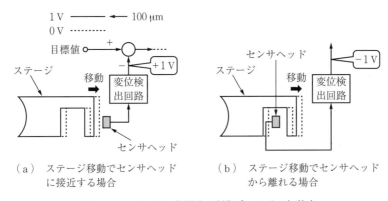

（a）ステージ移動でセンサヘッドに接近する場合　　（b）ステージ移動でセンサヘッドから離れる場合

図3.1.3 ステージの位置決め制御系における加算点

ところが，図3.1.3（b）のように，センサヘッドの固定場所の設計変更がなされた場合を考える。同図（a）と同様のステージの移動方向に対してセンサヘッドからは遠ざかるので，初期のステージ位置を 0 V と設定した変位検出回路の出力は −1 V となる。このとき，加え合せ点での演算は，「目標値 − 変位検出回路」 = +1 − (−1) = +2 となる。つまり，正帰還となり，図3.1.1 に示すサーボ系における偏差 e を検出する機能は果たしていない。そのため，回路の極性を変更する再設計・製作が必要となる。

しかし，あらかじめ**図3.1.4**の回路を組み込んでおくと，機械の設計変更による正帰還の状態をスイッチ SW のオン・オフ操作により容易に負帰還へ変更

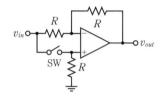

図 3.1.4 サーボ系内で信号極性を変更する回路

できる．あるいは，少数であるがサーボ系を正帰還で動作させる場合もある．このとき，試験実施中に負帰還になっていた過誤も，SW を使って容易に変更できる．

ここで，図 3.1.4 において，スイッチ SW が OFF のとき，$v_{out} = -v_{in}$，スイッチ SW が ON のときには $v_{out} = +v_{in}$ となる（演習問題【2.9】参照）．したがって，図 3.1.4 の回路を，図 3.1.3（b）の変位検出回路の次段に接続しておき，実質的に負帰還になるように信号の極性を選択できる．

【回路例 2】 差動アンプ

図 3.1.5 の構造を，**差動アンプ**（differential amplifier）あるいは**加減算回路**（adder and substractor）という．出力 v_{out} は，入力 v_{in1}，v_{in2} を使って式 (3.1.4) となる．

$$v_{out} = \frac{Z_2}{Z_1} \cdot (-v_{in1} + v_{in2}) \qquad (3.1.4)$$

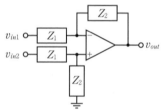

図 3.1.5 差動アンプの回路構造

式 (3.1.4) 右辺は，入力 v_{in1}，v_{in2} の差動信号 $(-v_{in1} + v_{in2})$ で v_{out} が動作することを意味する．ここで，式 (3.1.4) の構造は，式 (3.1.1) そのものである．以下，二つの方法で式 (3.1.4) を導く．ただし，外付けインピーダンス Z_1，Z_2 がそれぞれ 2 箇所で使用されている図 3.1.5 に代えて，より一般化したインピーダンスが接続された**表 3.1.1** を解析する．

方法 1：重ね合わせの理を適用

v_{in1} だけ，そして v_{in2} だけが入力された場合の伝達特性を個別に求め，最終的に両者を重ね合わせる．

① $v_{in1} \neq 0$，$v_{in2} = 0$（接地）：表 3.1.1（a）に示す接続状態となり，式 (3.1.5) が成り立つ．

$$v_{out1} = -\frac{Z_2}{Z_1} \cdot v_{in1} \qquad (3.1.5)$$

3.1 加減算回路

表 3.1.1 重ね合わせの理を用いた加減算回路の解析

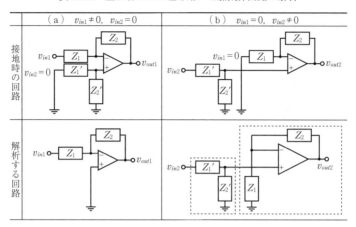

② $v_{in1}=0$（接地），$v_{in2}\neq0$：表 3.1.1（b）に示す接続状態になる．同表下段の四角の破線で囲む回路の伝達関数を個別に計算し，これらを掛け算することによって式 (3.1.6) を得る．

$$v_{out2} = \frac{Z_2'}{Z_1'+Z_2'} \cdot \left(1+\frac{Z_2}{Z_1}\right) \cdot v_{in2} \tag{3.1.6}$$

最終的に，$v_{out}=v_{out1}+v_{out2}$ であるため式 (3.1.7) となる．

$$v_{out} = -\frac{Z_2}{Z_1} \cdot v_{in1} + \frac{Z_2'}{Z_1'+Z_2'} \cdot \left(1+\frac{Z_2}{Z_1}\right) \cdot v_{in2} \tag{3.1.7}$$

ここで，$Z_1'=Z_1$，$Z_2'=Z_2$ と選んだとき，式 (3.1.4) となる．

方法2：理想オペアンプの性質を活用

解析にあたって，図 3.1.6 のように電流の経路を入れる．次に，非反転端子の電位を e とおく．理想オペアンプはイマジナルショートなので，反転端子の電位も e となる．

さらに，Z_1，Z_2 に流れる電流は等しい．同様に，Z_1'，Z_2' に流れる電流は等しいの

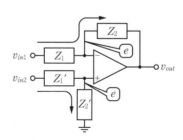

図 3.1.6 理想オペアンプの性質を使った加減算回路の解析

で式 (3.1.8) が成立する。

$$\left.\begin{array}{l} \dfrac{v_{in1}-e}{Z_1} = \dfrac{e-v_{out}}{Z_2} \\[2ex] \dfrac{v_{in2}-e}{Z_1'} = \dfrac{e}{Z_2'} \end{array}\right\} \quad (3.1.8)$$

式 (3.1.8) を整理すると，式 (3.1.9) となる。

$$\left.\begin{array}{l} v_{out} = -\dfrac{Z_2}{Z_1} \cdot v_{in1} + \left(1+\dfrac{Z_2}{Z_1}\right) \cdot e \\[2ex] e = \dfrac{Z_2'}{Z_1'+Z_2'} \cdot v_{in2} \end{array}\right\} \quad (3.1.9)$$

最後に，式 (3.1.9) を連立させて e を消去すると，v_{out} は式 (3.1.10) となる。

$$v_{out} = -\dfrac{Z_2}{Z_1} \cdot v_{in1} + \dfrac{Z_2'}{Z_1'+Z_2'} \cdot \left(1+\dfrac{Z_2}{Z_1}\right) \cdot v_{in2} \quad (3.1.10)$$

これは，式 (3.1.7) と同一であり，$Z_1'=Z_1$，$Z_2'=Z_2$ と選んだとき，式 (3.1.4) と一致する。

次に，加減算回路としての応用例を示す。具体的に，式 (3.1.4) の導出にあたっては，$Z_1'=Z_1$，$Z_2'=Z_2$ という条件を設定した。応用の場面では，$Z_1' \neq Z_1$，$Z_2' \neq Z_2$ の条件下で使用されることもある。図 3.1.7 (a) は CD プレーヤにおいてポーズ動作（一時停止）をかけたとき，光ヘッドの対物レンズが，ディスク1回転ごとに1トラックだけ戻されるようすを示す。ばねで平衡位置が保たれた対物レンズを所定の方位に動かすために，加速パルスが与えられる。そのままでは対物レンズを止められない。隣接トラック上で対物レンズを止めるには，先に印加した駆動パルスとは逆向きの制動パルスが必要となる。この具体的な一回路構成は図 3.1.7 (b) である。

まず，ポーズをかけると，① の箇所に矩形状のパルスが発生する。この信号は，単安定マルチのBに入力されている。よって，① の立下りをトリガにして，単安定マルチの出力Qには，外付け抵抗 27 kΩ と 0.01 μF によって定められる ② の1パルスが生成される。

3.1 加減算回路

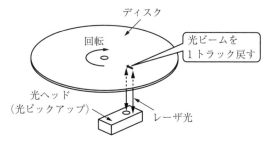

(a) 光ヘッドの加減速駆動

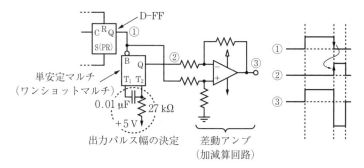

(b) ディジタルとアナログ混在の回路

図 3.1.7 加速・減速パルスの生成で使われる加減算回路

続いて，①の信号は入力抵抗を介してオペアンプの非反転端子に，②の信号は入力抵抗を介して反転端子に入力される．したがって，信号①は，加減算回路（差動回路）の抵抗網で決まるゲインに基づいて①と同極性で，一方信号②は極性反転してそれぞれ出力されるので，これらを足し算して信号③となる．

ここで，注意事項を三つ述べておく．

[**注意1**] オペアンプの入力が一つの場合，伝達関数 v_{out}/v_{in} の形で整理できる．しかし，加減算回路の場合，二つの入力 v_{in1}, v_{in2} に対して出力 v_{out} は一つである．それにもかかわらず，式 (3.1.4) に代えた次式の記載を散見する．

$$\text{誤り}: \frac{v_{out}}{v_{in1}} = \frac{Z_2}{Z_1} \cdot \left(-1 + \frac{v_{in2}}{v_{in1}} \right)$$

数式的には式(3.1.4)と等価でも,右辺括弧内の第2項に現れる v_{in2}/v_{in1} に物理的な意味はない。したがって,このような記載をしてはならない。

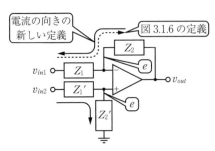

図 3.1.8 図 3.1.6 の電流の向きを逆に定義した場合

[注意2] 図3.1.6では,解析のために,図中記載の矢印方向に電流が流れると仮定した。解析者によっては,図3.1.6に代えて,**図3.1.8**の電流の向きを採用することもあろう。

この場合,式(3.1.8)に相当する回路方程式は式(3.1.11)である。

$$\left. \begin{array}{l} \dfrac{e - v_{in1}}{Z_1} = \dfrac{v_{out} - e}{Z_2} \\[2mm] \dfrac{v_{in2} - e}{Z_1'} = \dfrac{e}{Z_2'} \end{array} \right\} \qquad (3.1.11)$$

これを解いて,式(3.1.10)が得られる。つまり,電流の向きをどのように定義しても,入出力の関係式は一致する。

[注意3] 図3.1.9(a)をみると,加減算回路を使って検出した偏差 e は,後の3.6節【回路例2】で解説する擬似積分補償器に導かれる。そうすると,図3.1.9(b)のように,オペアンプOP1で実現される加減算回路の次段に,OP2で実現する擬似積分補償器を接続することになる。しかし,コストダウンを図る場合,加減算回路は省略する。具体的には,図3.1.9(c)のように実現する。

[注意4] 図3.1.10(a)は,センサ出力 v_s が補償器の入力になっているサーボ系の一部である。サーボ系を解析するためには,同図(b)上段に示すブロック線図を描く必要がある。ところが,回路図には,目標値 r を印加する外付け素子がない。どのようにブロック線図を描けばよいのであろうか。

目標値 r の印加端子がない理由は,制御対象を平衡位置で定位させたとき,$v_s=0\,\mathrm{V}$ となるようにセンサが組み込まれているからである。すなわち,目標

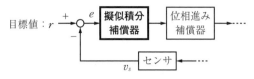

(a) 閉ループのブロック線図

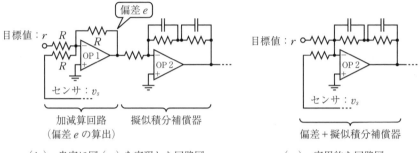

(b) 忠実に図(a)を実現した回路図　　(c) 実用的な回路図

図 3.1.9 偏差 e の直接的な検出を省略した回路構成

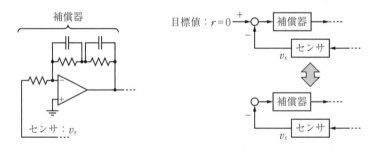

(a) センサ出力 v_s を補償器に直結　　(b) 目標値 $r=0$ のブロック線図

図 3.1.10 目標値 $r=0$ の回路構成

値 r は 0 V であり，図 3.1.10 (b) のように $r=0$ のブロック線図となる．

3.2　バッファアンプ

　入力 v_{in} に対する出力 v_{out} が，$v_{out}=v_{in}$ となるアンプを**バッファアンプ**（buffer amplifier），あるいは**電圧ホロワ**（voltage follower）という．このアンプは，

非反転アンプの特殊な場合である。

表3.2.1(a)に，非反転アンプの伝達関数v_{out}/v_{in}を示す．まず，同表(b)左側のように，$R_1=\infty$のとき，つまりこの抵抗を接続せず，かつR_2を接続したままのとき$v_{out}=v_{in}$である．次に，同表(b)右側のように，抵抗R_1を接続せず，かつ$R_2=0$（ショート）のときにも$v_{out}=v_{in}$となる．一見すると，$v_{out}=v_{in}$を実現するだけで何らの有効性もないと思われる．しかし，入力インピーダンス∞，そして出力インピーダンス0というバッファアンプの性質が，回路どうしの接続のときに便利になる．

具体的に，**図3.2.1**(a)を参照して，回路1と2を**縦続接続**（cascade

表3.2.1 バッファアンプの伝達関数

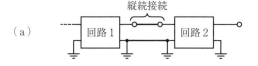

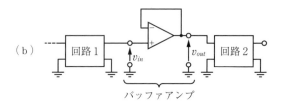

図3.2.1 バッファアンプの挿入の理由

3.2 バッファアンプ

connection）する場合を考える．両回路の単体の動作は望みどおりでも，これらを接続したときの回路1の出力は，回路1の有限な出力インピーダンスと回路2の有限な入力インピーダンスの影響で，回路1単体の出力とは異なる．回避するには，図3.2.1（b）のように回路1，2の間にバッファアンプを挿入すればよい．

ここで，followerとは，英語辞書によれば「従者，家来，手下」の意味がある．したがって，「出力 v_{out} が入力 v_{in} にしたがう」という $v_{out} = v_{in}$ の実現に対する命名となっている．一方，バッファ（buffer）とは，「緩衝（かんしょう）」の意味である．国語辞書によれば，「緩衝」とは「対立している物などの間にあって，衝突や不和などを和らげること，あるいはそのもの」という意である．つまり，図3.2.1を参照して，「回路1と2を接続したときの干渉を排除する機能」に対して，バッファと命名している．

さて，表3.2.1の太枠内に示すように，帰還パスに R_2 を残す，あるいは $R_2=0$ と帰還パスを短絡しても $v_{out}=v_{in}$ は実現される．前者の場合，R_2 をどのように選べばよいのであろうか．**図3.2.2**（a）のとおりである．すなわち，信号源の出力インピーダンス R_s とおいて，$R_2=R_s$ と設定することが推奨されている．同図（b）は，ある製品に適用された回路例である．

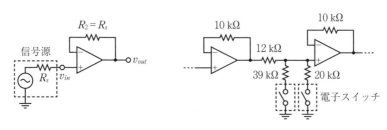

（a）帰還パスに抵抗を付ける場合　　（b）製品の適用例

図3.2.2 帰還パスに抵抗を付けたバッファアンプ

続いて，サーボ系におけるバッファアンプの活用例を紹介する．まず，**図3.2.3**（a）は，高校の物理のテキスト[†]から電磁誘導を説明する図面を抜き出

[†] 兵藤申一，福岡登ほか15名：高等学校　物理Ⅱ，啓林館（2004）

50　　　　　　　　　　　3. 補　償　器

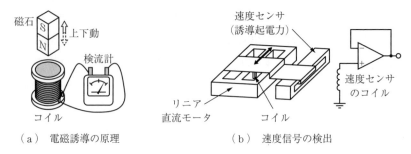

（a）電磁誘導の原理　　　　　（b）速度信号の検出

図 3.2.3　バッファアンプを用いた速度の検出回路

したものである。棒磁石をコイルに近付ける，あるいは遠ざけると，電磁誘導によってコイルに電流が流れる。ここでは，検流計の針の振れで電流の大きさを視認している。これを電圧として取り出したいことがある。

具体的に，サーボ系のなかにあっては，図 3.2.3（b）に示すように電磁誘導の原理を可動物体の速度検出に使用する。同図では，物体を駆動するために直流（DC）リニアモータがアクチュエータとして使われている。高速移動の後に，迅速に停止させるためには，物体の動きに対して制動（ダンピング）をかける必要がある。このために使用されるのが速度センサである。DC リニアモータ近傍に設置されており，永久磁石による磁界中でコイルが動くことによって速度が検出される。この信号をフィードバックに活用しようとするとき，図 3.2.3（b）右側に示すバッファアンプを使って速度を電圧として検出する（演習問題【3.8】参照）。

3.3　PI 補　償　器

サーボ系の補償として PID 補償器が汎用的に用いられる。ここで，P は比例（proportional）を，I は積分（integral）を，そして D は微分（derivative）を意味する。D を用いない場合は **PI 補償器**（PI compensator）となり，図 3.3.1 に示すサーボ系の箇所で使用される。

一般に，PI 補償器の伝達関数 $G_{PI}(s)$ は式（3.3.1）である。

3.3 PI 補償器

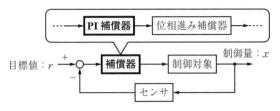

図 3.3.1 サーボ系における補償器

$$G_P(s) = K_P \cdot \frac{T_I s + 1}{T_I s} \quad (3.3.1)$$

ここで，記号の意味は，K_P〔-〕：比例ゲイン，T_I〔s〕：積分時間である．式 (3.3.1) の**ボード線図**（Bode diagram，周波数応答とも呼称）は**図 3.3.2** のとおりである．

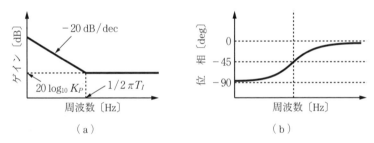

図 3.3.2 PI 補償器のボード線図

式 (3.3.1) の伝達関数を実現する回路例を**図 3.3.3** に示す．この伝達関数 v_{out}/v_{in} は

$$\frac{v_{out}}{v_{in}} = -\frac{R_2 + \dfrac{1}{Cs}}{R_1} = -\frac{\left(R_2 + \dfrac{1}{Cs}\right) \cdot Cs}{R_1 \cdot Cs}$$

$$= -\frac{R_2 Cs + 1}{R_1 Cs} \quad (3.3.2)$$

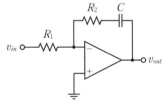

図 3.3.3 PI 補償器

である．ただし，計算に過誤はないものの，ボード線図の作図にあたって便利な式のまとめ方にはなっていない．理由は，分母の s^1 の係数である**時定数**（time constant）$R_1 C$ と，分子の s^1 の係数である時定数 $R_2 C$ が不一致のためである．

一致するように変形して式 (3.3.3) となる。

$$\frac{v_{out}}{v_{in}} = -\frac{R_2}{R_1} \cdot \frac{R_2Cs+1}{R_2Cs} \tag{3.3.3}$$

もちろん，式 (3.3.2) と式 (3.3.3) のいずれを用いても，**折線近似**（piecewise approximation）によるボード線図の作図は一致する。確認のため，$R_2 > R_1$ の場合について折線近似によるゲイン曲線を描くと**図 3.3.4** である。同図（a）は式 (3.3.2) に，そして同図（b）は式 (3.3.3) に基づく。このように，両者の作図の一致は当然であるが，式 (3.3.3) に基づく方が簡単である。かつ，図 3.3.3 のボード線図をシミュレーションあるいは実測したとき，明らかに視認できる**折点周波数**（break point frequency）は $1/(2\pi R_2 C)$ であるため，式 (3.3.2) よりも式 (3.3.3) の記載形式が望ましい。

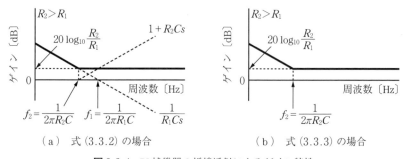

図 3.3.4　PI 補償器の折線近似によるゲイン特性

結局，式 (3.3.1) と式 (3.3.3) を対比したとき，$K_P = R_2/R_1$，$T_I = R_2C$ の PI 補償器になる。ただし，両式を単純に比較したとき，$K_P = -R_2/R_1$ である。図 3.3.3 の回路をサーボ系のなかで用いたとき，符号の差異は安定性にとって深刻な影響を与える。具体的に，マイナス符号を持つ式 (3.3.3) を用いたとき正帰還になる場合，次段に極性反転の回路を挿入する必要がある。つまり，式 (3.3.1) と式 (3.3.3) の直接比較では $K_P = -R_2/R_1$ であるが，式 (3.3.3) における K_p は，この大きさを陽に示すために，絶対値をとって $K_P = |-R_2/R_1|$ としている。

さて，PI 補償器のパラメータ K_P，T_I はともに，図 3.3.1 のサーボ系の特性

に影響を及ぼす．したがって，初期設定の後に調整が必要となる．この場合，抵抗とコンデンサの交換で対応できるが，例えば量産品の場合には付替えに手間はかけられない．そのため，パラメータ調整可能な回路構造であることが望ましい．以下に，パラメータ K_P と T_I を調整する回路構成〔1〕,〔2〕,〔3〕を示す．

〔1〕 **PI 補償器の調整回路（その1）**

調整回路を図 3.3.5 に示す．入力抵抗 R_3 はフィードバック信号の帰還のためであり，ここでは，同信号の帰還はないものとする．

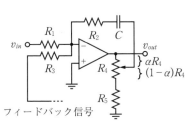

図 3.3.5 PI 補償器のパラメータ調整回路（その1）

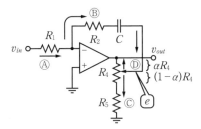

図 3.3.6 回路方程式を得るための補助図面

回路方程式を立式するための補助図面（**図 3.3.6** 参照）を参照して，まず，電流 Ⓐ と Ⓑ が等しいことを表現したのが，式 (3.3.4) である．

$$\frac{v_{in}-0}{R_1} = \frac{0-e}{R_2 + \dfrac{1}{Cs}} \tag{3.3.4}$$

次に，電流 Ⓑ は，電流 Ⓒ と Ⓓ に分流しているので式 (3.3.5) である．

$$\frac{0-e}{R_2 + \dfrac{1}{Cs}} = \frac{e}{(1-\alpha)R_4 + R_5} + \frac{e - v_{out}}{\alpha R_4} \tag{3.3.5}$$

したがって，式 (3.3.4) と式 (3.3.5) から e を消去して，伝達関数 v_{out}/v_{in} は式 (3.3.6) となる．

$$\frac{v_{out}}{v_{in}} = -\frac{R_2}{R_1} \cdot \frac{1+R_2 Cs}{R_2 Cs} \cdot \left\{ 1 + \frac{\alpha R_4}{R_2} \cdot \frac{R_2 Cs}{1+R_2 Cs} + \frac{\alpha R_4}{(1-\alpha)R_4 + R_5} \right\} \tag{3.3.6}$$

式 (3.3.6) において，α は可変抵抗 R_4 の調整率であり 0 から 1 の値を持つ。α の効果を知るために，$\alpha=0$ と 1 の伝達関数 v_{out}/v_{in} を以下 ①，② で求める。

① $\alpha=0$ のとき：$\alpha=0$ を式 (3.3.6) に代入したのが式 (3.3.7) である。**図 3.3.7**（a）が $\alpha=0$ のときの回路であり，同図からも式 (3.3.7) となることは明らかである。

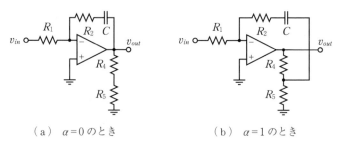

（a）$\alpha=0$ のとき　　　　（b）$\alpha=1$ のとき

図 3.3.7　$\alpha=0$，1 のとき図 3.3.5 の PI 補償器

$$\frac{v_{out}}{v_{in}} = -\frac{R_2}{R_1} \cdot \frac{1+R_2Cs}{R_2Cs} \tag{3.3.7}$$

② $\alpha=1$ のとき：図 3.3.7（b）は $\alpha=1$ のときの回路図である。$\alpha=1$ を式 (3.3.6) に代入し，さらに $\alpha=0$ のときの伝達関数 v_{out}/v_{in} と比較容易なまとめ方をすると式 (3.3.8) となる。

$$\frac{v_{out}}{v_{in}} = -\frac{R_2}{R_1}\left\{1+\frac{R_4(R_2+R_5)}{R_2R_5}\right\} \cdot \frac{1+\left(R_2+\frac{R_4R_5}{R_4+R_5}\right)Cs}{\left(R_2+\frac{R_4R_5}{R_4+R_5}\right)Cs} \tag{3.3.8}$$

式 (3.3.7) と式 (3.3.8) を比較すると，$\alpha=0$ から 1 への調整によって，PI 補償器のゲインと時定数はそれぞれ以下のように変化する。つまり，ゲインおよび時定数ともに増加する。

$$\text{ゲイン}: \frac{R_2}{R_1} \rightarrow \frac{R_2}{R_1}\left\{1+\frac{R_4(R_2+R_5)}{R_2R_5}\right\}$$

$$\text{時定数}: R_2C \rightarrow \left(R_2+\frac{R_4R_5}{R_4+R_5}\right)C$$

3.3 PI 補償器

式(3.3.6)の結果をほかの解析によって再び確認する.そのために,まず,図 3.3.8(a)に示すように,インピーダンス $Z_{1 \sim 4}$ を配置する.これらを再配置すると,同図(b)のように T 型の帰還パスの回路構造であるとわかる.

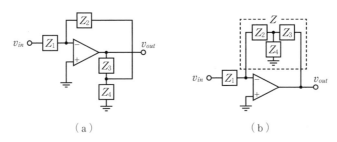

(a)　　　　　　　　　　　(b)

図 3.3.8 図 3.3.5 の伝達関数 v_{out}/v_{in} を求めるための準備（T 型帰還パス）

ここで,図 3.3.8(b)の破線の四角で囲むインピーダンスを Z とおいたとき,伝達関数は $v_{out}/v_{in} = -Z/Z_1$ となる.ただし,Z は式(3.3.9)で与えられる（後述する演習問題【4.1】の式(3),(4)参照）.

$$Z = Z_2 + Z_3 + \frac{Z_2 Z_3}{Z_4} \tag{3.3.9}$$

式(3.3.9)右辺のインピーダンス Z_2, Z_3, Z_4 は,以下のとおりである.

$$Z_2 = R_2 + \frac{1}{Cs}, \quad Z_3 = \alpha R_4, \quad Z_4 = (1-\alpha)R_4 + R_5$$

したがって,図 3.3.5 の伝達関数 v_{out}/v_{in} は式(3.3.10)である.つまり,式(3.3.6)と同一になる.

$$\begin{aligned}
\frac{v_{out}}{v_{in}} &= -\frac{Z}{R_1} = -\frac{1}{R_1}\left\{R_2 + \frac{1}{Cs} + \alpha R_4 + \frac{\left(R_2 + \frac{1}{Cs}\right)\alpha R_4}{(1-\alpha)R_4 + R_5}\right\} \\
&= -\frac{R_2}{R_1} \cdot \frac{1 + R_2 Cs}{R_2 Cs} \cdot \left\{1 + \frac{\alpha R_4}{R_2} \cdot \frac{R_2 Cs}{1 + R_2 Cs} + \frac{\alpha R_4}{(1-\alpha)R_4 + R_5}\right\}
\end{aligned} \tag{3.3.10}$$

〔2〕 **PI 補償器の調整回路（その 2）**

帰還パスの抵抗 R_2 を調整する回路構成を図 3.3.9 に示す.伝達関数 v_{out}/v_{in} は式(3.3.11)である.

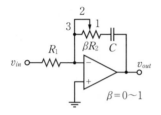

図 3.3.9　PI 補償器のパラメータ調整回路（その 2）

$$\frac{v_{out}}{v_{in}} = -\frac{\beta R_2}{R_1} \cdot \frac{1+\beta R_2 Cs}{\beta R_2 Cs} \quad (3.3.11)$$

可変抵抗器の調整ねじを時計方向に回転したとき，調整率は $\beta = 0 \sim 1$ と変化するので図 3.3.9 に示す可変抵抗器の抵抗値は増加する。つまり，式 (3.3.11) より，PI 補償器の時定数 $\beta R_2 C$ およびゲイン $\beta R_2/R_1$ はともに増加する。

〔3〕 **PI 補償器の調整回路（その 3）**

入力抵抗 R_1 を調整する回路構成は**図 3.3.10** である。伝達関数 v_{out}/v_{in} は式 (3.3.12) である。

$$\frac{v_{out}}{v_{in}} = -\frac{R_2}{(1-\gamma)R_1} \cdot \frac{1+R_2 Cs}{R_2 Cs} \quad (3.3.12)$$

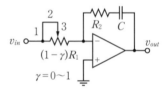

図 3.3.10　PI 補償器のパラメータ調整回路（その 3）

可変抵抗器の調整ねじを時計方向に回転したとき，調整率は $\gamma = 0 \sim 1$ と変化するので図 3.3.10 に示す可変抵抗器の抵抗値は小さくなる。したがって，式 (3.3.12) より，PI 補償器の時定数 $R_2 C$ を変えることなく，ゲイン $R_2/(1-\gamma)R_1$ を調整ねじの時計回転によって大きくする調整が可能となる。

3.4　PID 補償器

サーボ系の補償器として，**PID 補償**（PID compensation）が**図 3.4.1** に示す箇所で頻繁に使用される。理由は，工学的な意味および機能が明瞭のためである。すでに 3.3 節で説明したが，P は比例を，I は積分を，そして D は微分を意味する。

具体的には，**図 3.4.2** に示すように，入力 v_{in}（一般には，偏差）に対する

3.4 PID 補償器

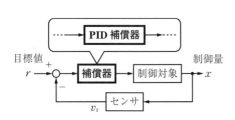

図 3.4.1 サーボ系のなかの PID 補償器

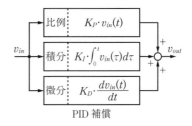

図 3.4.2 PID 補償器

P，I，D 動作の線形和によって，制御対象を駆動する出力 v_{out}（一般には，操作量）が決められる．同図より，式 (3.4.1) が成り立つ．

$$v_{out} = \left(K_P + \frac{K_I}{s} + K_D s \right) \cdot v_{in} \tag{3.4.1}$$

式 (3.4.1) を実現する回路構造は，図 3.4.3（a）となる．同図より，v_{in} に対する v_{out} は式 (3.4.2) となる．

$$v_{out} = -\frac{R_4}{R_3} \cdot (-1) \left(\frac{R_{p2}}{R_{p1}} + \frac{1}{R_{i1} C_i s} + R_{d2} C_d s \right) \cdot v_{in} \tag{3.4.2}$$

ここで，$R_3 = R_4$ と選んだとき，式 (3.4.2) は式 (3.4.3) となる．

$$v_{out} = \left(\frac{R_{p2}}{R_{p1}} + \frac{1}{R_{i1} C_i s} + R_{d2} C_d s \right) \cdot v_{in} \tag{3.4.3}$$

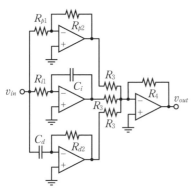

（a）理想的な PID 補償器

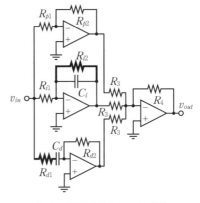

（b）実装可能な PID 補償器

図 3.4.3 PID 補償器の回路構造

式 (3.4.1) と式 (3.4.3) を対比して，PID 補償器の調整パラメータ K_P, K_I, K_D は式 (3.4.4) の関係で結ばれる。

$$K_P = \frac{R_{p2}}{R_{p1}}, \qquad K_I = \frac{1}{R_{i1}C_i}, \qquad K_D = R_{d2}C_d \qquad (3.4.4)$$

ところが，図 3.4.3（a）の回路は，実用的ではない。一つ目は，積分補償の箇所で，完全積分器（ミラー積分回路）を使用しているためである。オペアンプには必ずオフセット入力があり，これを積分して出力の飽和を招く。ゲイン線図で示すと**図 3.4.4（a）**のとおりである。すなわち，同図（a）は完全積分器のゲイン線図であり，低い周波数になるほどゲインが上昇する。そのため，既述のようにオフセット入力に起因する出力飽和を招く。これを回避するため，同図（b）のように，低い周波数でゲインを平坦化する。

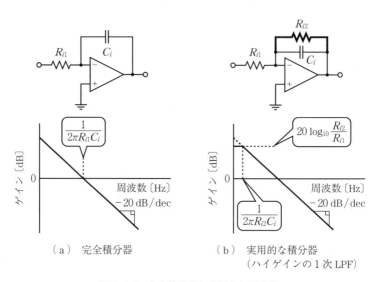

図 3.4.4　完全積分器と実用的な積分器

二つ目は，微分補償の箇所に，完全微分器（ミラー微分回路）を使用していることである。したがって，高周波ノイズの増幅による飽和，およびオペアンプ自体の高周波数領域での位相遅れで発振を招く。ゲイン線図は**図 3.4.5（a）**であり，高周波数の領域でゲイン上昇があるため，ノイズも増幅する。これを

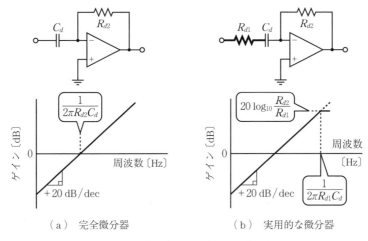

図 3.4.5 完全微分器と実用的な微分器

回避するため,同図(b)に示すように,高周波数領域でゲインを一定にする。

結局,実装可能な PID 補償器は図 3.4.3(b)である。この場合,伝達関数 v_{out}/v_{in} は,$R_3 = R_4$ の条件のもとで式 (3.4.5) である。

$$\frac{v_{out}}{v_{in}} = \frac{R_{p2}}{R_{p1}} + \frac{R_{i2}}{R_{i1}} \cdot \frac{1}{1 + R_{i2}C_i s} + \frac{R_{d2}}{R_{d1}} \cdot \frac{R_{d1}C_d s}{1 + R_{d1}C_d s} \tag{3.4.5}$$

3.5 位相進み補償器

位相進み補償器(phase lead compensator)は,サーボ系の安定性の増進や,過渡特性の改善のために用いられる(図 3.3.1 参照)。伝達関数 $C_{lead}(s)$ は式 (3.5.1) である。ここで,K 〔-〕:ゲイン,T 〔s〕:時定数,α 〔-〕:比率($\alpha < 1$)である。

$$C_{lead}(s) = K \frac{Ts+1}{\alpha Ts+1} \tag{3.5.1}$$

そして,式 (3.5.1) のボード線図は**図 3.5.1** である。

同図において,位相 ϕ が最大に進むときの周波数 f_{max} は

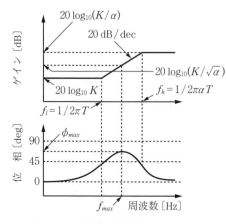

図 3.5.1　位相進み補償器のボード線図

$$f_{max} = \frac{1}{2\pi T \sqrt{\alpha}} \quad (3.5.2)$$

となる。また，折点周波数を低い方から順に $f_l = 1/(2\pi T)$, $f_h = 1/(2\pi\alpha T)$ とおいたとき，f_{max} は式 (3.5.3) のように f_l と f_h の相乗平均（等比中項）となる。

$$f_{max} = \sqrt{f_l \cdot f_h} \quad (3.5.3)$$

そして，f_{max} におけるゲイン $|C_{plead}(j\omega)|$ と，最大位相進み量 ϕ_{max} は

$$\left| C_{plead}(j\omega) \right|_{\omega = 1/T\sqrt{\alpha}} = \frac{K}{\sqrt{\alpha}} \quad (3.5.4)$$

$$\phi_{max} = \tan^{-1}\frac{1}{\sqrt{\alpha}} - \tan^{-1}\sqrt{\alpha} = \tan^{-1}\frac{1-\alpha}{2\sqrt{\alpha}} \quad (3.5.5)$$

$$\alpha = \frac{1 - \sin\phi_{max}}{1 + \sin\phi_{max}} \quad (3.5.6)$$

である。以下，式 (3.5.1) の伝達関数そのものを実現する回路，および同式以外に位相を進ませる具体的な回路を扱う。

【回路例1】　受動素子 R と C を用いた位相進み補償器

逆 L 字型に描いた図 3.5.2（a）の 2 端子対回路を参照して，伝達関数 v_{out}/v_{in} は式 (3.5.7) である。

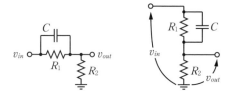

（a）　逆 L 字型の表示　　（b）　計算しやすい表示

図 3.5.2　R と C を用いた位相進み補償器

3.5 位相進み補償器

$$\frac{v_{out}}{v_{in}} = \frac{R_2}{\dfrac{R_1}{R_1 C s + 1} + R_2} = \frac{R_2(R_1 C s + 1)}{R_1 + R_2(R_1 C s + 1)}$$

$$= \frac{R_2(R_1 C s + 1)}{R_1 R_2 C s + R_1 + R_2} = \frac{R_2}{R_1 + R_2} \cdot \frac{R_1 C s + 1}{\dfrac{R_1 R_2 C s}{R_1 + R_2} + 1} \qquad (3.5.7)$$

しかし，回路計算に習熟していない場合，逆L字型で描いた回路から，即座に式 (3.5.7) を求められないことがある．そこで，図3.5.2 (b) のように回路を書き直す．そうすると，電圧の比である v_{out}/v_{in} は，インピーダンスの比であることは容易にわかる．結局，式 (3.5.1) と式 (3.5.7) を対比して，パラメータの対応関係は式 (3.5.8) となる．

$$K = \frac{R_2}{R_1 + R_2}, \qquad T = R_1 C, \qquad \alpha = \frac{R_2}{R_1 + R_2} < 1 \qquad (3.5.8)$$

ここで，式 (3.5.7) と式 (3.5.8) から，$s \to 0$ のとき $K = R_2/(R_1 + R_2)$ である．つまり，v_{in} に対して v_{out} は K（<1）倍だけゲインが低下する．この低下を回復するため，**図3.5.3** 右側には非反転アンプが接続される．この場合，図3.5.3 の v_{out}/v_{in} は式 (3.5.9) である．

$$\frac{v_{out}}{v_{in}} = \frac{R_2}{R_1 + R_2} \cdot \frac{R_1 C s + 1}{\dfrac{R_1 R_2 C s}{R_1 + R_2} + 1} \cdot \left(1 + \frac{R_4}{R_3}\right)$$

$$= \left(\frac{R_2}{R_1 + R_2} \cdot \frac{R_3 + R_4}{R_3}\right) \cdot \frac{R_1 C s + 1}{\dfrac{R_1 R_2 C s}{R_1 + R_2} + 1} \qquad (3.5.9)$$

式 (3.5.9) における（・）内の K を，$s \to 0$ のとき 1（0 dB）にするには，$R_3 = R_2$，$R_4 = R_1$ と設定する．

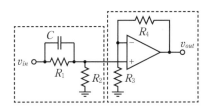

図3.5.3 R と C を用いた位相進み補償器とゲインの回復

ここで，図3.5.3では，低周波数領域のゲイン回復のために非反転アンプを用いていることに着目してみよう。さらにいえば，同アンプに代えて反転アンプを用いることはできないのだろうか。もちろん，**図3.5.4（a）**のように使用してもかまわない。しかし，注意が必要である。

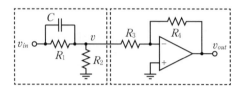

（a） RC位相進み補償回路
と反転アンプの接続

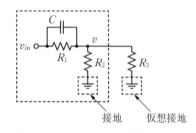

（b） 反転アンプの入力抵抗 R_3 が RC
位相進み補償回路の負荷

図3.5.4 位相進み補償器と反転アンプの接続

図3.5.4（a）を採用のとき，破線で囲む伝達関数を個別に計算した後に，直列接続しているため両者を掛け算して次式のようにしたくなる。しかし，これは間違いとなる。

$$\text{誤り}: \frac{v_{out}}{v_{in}} = \left(\frac{R_2}{R_1 + R_2} \cdot \frac{R_1 C s + 1}{\frac{R_1 R_2 C s}{R_1 + R_2} + 1} \right) \cdot \left(-\frac{R_4}{R_3} \right)$$

なぜならば，R_3 が接続されているオペアンプの反転端子は仮想接地のためである。つまり，図3.5.4（b）のように R_2 と R_3 は並列接続されている。よって，式 (3.5.7) において，$R_2 \to R_2 R_3/(R_2 + R_3)$ の置換えをした式 (3.5.10) が，図3.5.4（a）における v_{out}/v_{in} となる。

3.5 位相進み補償器

$$\frac{v_{out}}{v_{in}} = \left(\frac{R_2 /\!/ R_3}{R_1 + (R_2 /\!/ R_3)} \cdot \frac{R_1 C s + 1}{\dfrac{R_1 \cdot (R_2 /\!/ R_3) C s}{R_1 + (R_2 /\!/ R_3)} + 1} \right) \cdot \left(-\frac{R_4}{R_3} \right) \quad (3.5.10)$$

もちろん，式 (3.5.10) に基づいて分子・分母の時定数を設計しているのであれば，図 3.5.4（a）の回路形式を採用しても問題は生じない．しかし，式 (3.5.7) に基づいて，つまり R_1, R_2, C だけを用いて位相進みの設計をし，このパラメータを維持したにもかかわらず，次段に図 3.5.4（a）の反転アンプを接続した場合，最初の設計値がずれることになる．

【回路例2】　R と C を用いた位相進み補償器の縦続接続

【回路例1】で実現する位相進みの量をさらに大きくする，あるいは広い周波数領域にわたって位相を進めたい場合がある．このとき，**図 3.5.5（a）**，（b）の回路構造を採用する．

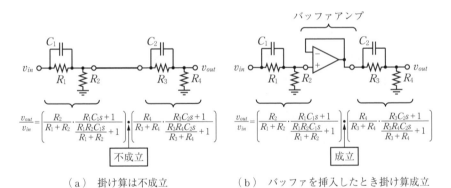

（a）掛け算は不成立　　　　（b）バッファを挿入したとき掛け算成立

図 3.5.5　位相進みの増進あるいは広帯域の位相進みの実現

ただし，図 3.5.5（a）の構造の場合，安易に伝達関数の掛け算をしがちである．しかし，この計算は間違いである．掛け算の伝達関数を実現するには，図 3.5.5（b）のようにバッファアンプを挿入せねばならない．

図 3.5.6 は，R と C を用いた位相進み補償器を3段接続した受動的な回路である．ここでは，4端子定数 (A, B, C, D) を使って，伝達関数 v_{out}/v_{in} を求める．

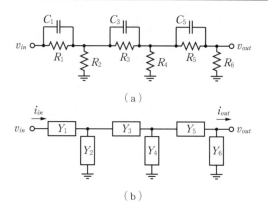

図 3.5.6 RC 位相進み補償器の 3 段接続回路

まず,4端子定数の定義は,図 3.5.6(b)に示す電圧および電流の向きを正として式 (3.5.11) と表せる。

$$\left.\begin{array}{l} v_{in} = Av_{out} + Bi_{out} \\ i_{in} = Cv_{out} + Di_{out} \end{array}\right\} \quad (3.5.11)$$

ただし,4端子定数 (A, B, C, D) を用いた F パラメータの定義は式 (3.5.12) であり,同パラメータの各要素は式 (3.5.13)〜(3.5.16) と表せる。

$$F = \begin{bmatrix} A & B \\ C & D \end{bmatrix} = \begin{bmatrix} 1 & \frac{1}{Y_1} \\ 0 & 1 \end{bmatrix} \begin{bmatrix} 1 & 0 \\ Y_2 & 1 \end{bmatrix} \begin{bmatrix} 1 & \frac{1}{Y_3} \\ 0 & 1 \end{bmatrix} \begin{bmatrix} 1 & 0 \\ Y_4 & 1 \end{bmatrix} \begin{bmatrix} 1 & \frac{1}{Y_5} \\ 0 & 1 \end{bmatrix} \begin{bmatrix} 1 & 0 \\ Y_6 & 1 \end{bmatrix} \quad (3.5.12)$$

$$A = \left\{ \left(1 + \frac{Y_2}{Y_1}\right)\left(1 + \frac{Y_4}{Y_3}\right) + \frac{Y_4}{Y_1} \right\} \left(1 + \frac{Y_6}{Y_5}\right) + \left\{ \left(1 + \frac{Y_2}{Y_1}\right)\frac{1}{Y_3} + \frac{1}{Y_1} \right\} Y_6 \quad (3.5.13)$$

$$B = \left\{ \left(1 + \frac{Y_2}{Y_1}\right)\left(1 + \frac{Y_4}{Y_3}\right) + \frac{Y_4}{Y_1} \right\} \frac{1}{Y_5} + \left(1 + \frac{Y_2}{Y_1}\right)\frac{1}{Y_3} + \frac{1}{Y_1} \quad (3.5.14)$$

$$C = \left\{ \left(1 + \frac{Y_4}{Y_3}\right) Y_2 + Y_4 \right\} \left(1 + \frac{Y_6}{Y_5}\right) + \left(1 + \frac{Y_2}{Y_3}\right) Y_6 \quad (3.5.15)$$

$$D = \left\{ \left(1 + \frac{Y_4}{Y_3}\right) Y_2 + Y_4 \right\} \frac{1}{Y_5} + \frac{Y_2}{Y_3} + 1 \quad (3.5.16)$$

図 3.5.6(b)を再び参照して,v_{out} を次段に接続していくとき,入力イン

3.5 位相進み補償器

ピーダンス∞の非反転アンプに接続するとしよう．このとき，$i_{out}=0$ である．したがって，v_{out}/v_{in} は

$$\frac{v_{out}}{v_{in}} = \frac{1}{A} = \frac{Y_1 Y_3 Y_5}{(Y_1+Y_2)(Y_3+Y_4)(Y_5+Y_6) + Y_3 Y_4 (Y_5+Y_6) + Y_5 Y_6 (Y_1+Y_2+Y_3)} \tag{3.5.17}$$

となる．ここで，$R_1=R_2=R_3=R_4=R_5=R$ と選んだとき，v_{out}/v_{in} は式 (3.5.18) となる．

$$\frac{v_{out}}{v_{in}} = \frac{s^3 + \frac{1}{R}\left(\frac{1}{C_1}+\frac{1}{C_3}+\frac{1}{C_5}\right)s^2 + \frac{1}{R^2}\left(\frac{1}{C_1 C_3}+\frac{1}{C_3 C_5}+\frac{1}{C_5 C_1}\right)s + \frac{1}{R^3 C_1 C_3 C_5}}{s^3 + \left\{\frac{1}{R}\left(\frac{3}{C_1}+\frac{2}{C_3}+\frac{1}{C_5}\right)+\frac{1}{R_6}\left(\frac{1}{C_1}+\frac{1}{C_3}+\frac{1}{C_5}\right)\right\}s^2 + \text{※}}$$

$$\text{※}\left\{\frac{1}{R^2}\left(\frac{5}{C_1 C_3}+\frac{2}{C_3 C_5}+\frac{3}{C_5 C_1}\right)+\frac{1}{R R_6}\left(\frac{3}{C_1 C_3}+\frac{3}{C_3 C_5}+\frac{4}{C_5 C_1}\right)\right\}s + \frac{1}{C_1 C_3 C_5}\left(\frac{8}{R^2 R_6}+\frac{5}{R^3}\right) \tag{3.5.18}$$

式 (3.5.18) は複雑な伝達関数である．間接的に正解であることを検証するために，入力 v_{in} が直流の場合を考える．式 (3.5.18) の伝達関数において，$s \to 0$ とおけばよいので式 (3.5.19) を得る．

$$\left.\frac{v_{out}}{v_{in}}\right|_{s \to 0} = \frac{R_6}{8R+5R_6} \tag{3.5.19}$$

一方，直流信号が入力された場合，コンデンサのインピーダンスは∞なので，素子の接続でみるとオープンの状態であるから，等価回路は図 3.5.7（a）となる．この回路を解析すると，式 (3.5.19) と同一になる．

さらに，高周波信号の入力の場合，式 (3.5.18) の伝達関数において，$s \to$

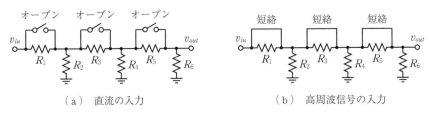

（a）直流の入力　　　　　　　　（b）高周波信号の入力

図 3.5.7　直流入力および高周波信号の入力時の等価回路

∞とおけばよいので式 (3.5.20) となる。

$$\left.\frac{v_{out}}{v_{in}}\right|_{s\to\infty}=1 \qquad (3.5.20)$$

一方，高周波信号が入力の場合，コンデンサのインピーダンスは零，すなわち短絡なので図 3.5.7 (b) の接続になる。この等価回路より，即座に $v_{out}=v_{in}$ となり式 (3.5.20) と一致する。

次に，具体的な数値を使って式 (3.5.18) のボード線図の形状を把握してみよう。$R_1=R_2=R_3=R_4=R_5=27\,\mathrm{k\Omega}$，$R_6=18\,\mathrm{k\Omega}$，$C_1=3.3\,\mathrm{\mu F}$，$C_3=0.352\,\mathrm{\mu F}$，$C_5=0.02\,\mathrm{\mu F}$ のとき，これらの値を式 (3.5.18) に代入すると式 (3.5.21) となる。

$$\frac{v_{out}}{v_{in}}=\frac{s^3+1.968\,29\times10^3 s^2+0.216\,814\,6\times10^6 s+2.186\,865\,6\times10^6}{s^3+5.048\,40\times10^3 s^2+1.464\,797\,5\times10^6 s+37.176\,695\times10^6}$$
$$(3.5.21)$$

見通しが悪いので，**零点**（zero）と**極**（pole）を求めるため因数分解して式 (3.5.22) である。

$$\frac{v_{out}}{v_{in}}=\frac{s+11.220}{s+28.083}\cdot\frac{s+105.219}{s+279.221}\cdot\frac{s+1\,851.848}{s+4\,741.096} \qquad (3.5.22)$$

ここで，折線近似を使って，式 (3.5.22) のボード線図のゲイン曲線を把握する。準備のため，式 (3.5.22) を式 (3.5.23) へ変形する。つまり，分子・分母ともに，$Ts+1$ の形にする。この形にしたとき，低周波数領域のゲインは 0 dB，そして折点周波数は $1/(2\pi T)$ である。このことを踏まえて，式 (3.5.23) の二重下線の各項を折線近似で描くと，**図 3.5.8** の ① となる。

$$\frac{v_{out}}{v_{in}}=\frac{11.22\left(\frac{s}{11.22}+1\right)}{28.083\left(\frac{s}{28.083}+1\right)}\cdot\frac{105.219\left(\frac{s}{105.219}+1\right)}{279.221\left(\frac{s}{279.221}+1\right)}\cdot\frac{1\,851.848\left(\frac{s}{1\,851.848}+1\right)}{4\,741.096\left(\frac{s}{4\,741.096}+1\right)}$$

$$=\frac{11.22}{28.083}\cdot\frac{105.219}{279.221}\cdot\frac{1\,851.848}{4\,741.096}\cdot\frac{\left(\frac{s}{11.22}+1\right)\left(\frac{s}{105.219}+1\right)\left(\frac{s}{1\,851.848}+1\right)}{\left(\frac{s}{28.083}+1\right)\left(\frac{s}{279.221}+1\right)\left(\frac{s}{4\,741.096}+1\right)}$$

$$(3.5.23)$$

3.5 位相進み補償器

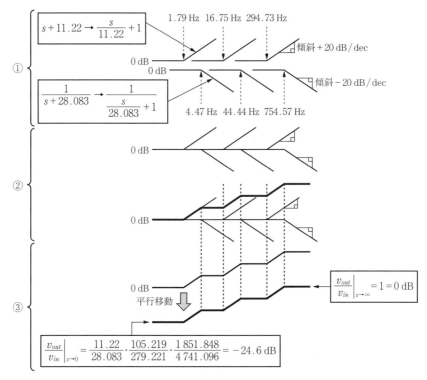

図 3.5.8 折線近似によるゲイン曲線の外形の把握（式 (3.5.22), (3.5.23)）

次に，同図 ② のように，s に関する1次式の分子および分母の折線を 0 dB のラインで重ね合わせ，さらに合計6本の折線近似の曲線を加算する．つまり，ボード線図上で和をとる．そうすると，総合のゲイン曲線は，② の太線の形となる．しかし，この太線は，式 (3.5.23) の二重下線の項だけ表す．そこで，最後に，式 (3.5.23) の一重下線の項を加える．この項は図 3.5.8 ③ の四角内に示す $v_{out}/v_{in}|_{s\to 0}$ の計算で $-24.6\,\mathrm{dB}$ となり，② の太線全体を下方へ $-24.6\,\mathrm{dB}$ だけ平行移動させることによって，式 (3.5.22)，あるいは等価な式 (3.5.23) に対する折線近似によるゲイン曲線となる．

同様に，位相曲線の外形形状も，数値計算あるいは実測する前に把握しておきたい．**図 3.5.9** に示すように，ゲインが上昇する区間（零点と極の間）で位相は進む．これら三つを重ね合わせるので，総合の位相曲線の外形は図 3.5.9

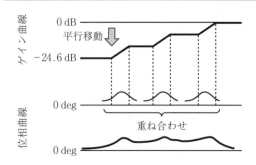

図 3.5.9　位相曲線の外形の把握
(式 (3.5.22), (3.5.23))

下段のように，広い周波数帯域にわたって，0 deg から進んだ特性になる。

実際に，実測したゲイン曲線を**図 3.5.10** に，位相曲線を**図 3.5.11** に示す。両実測結果は，ゲイン曲線は図 3.5.8 で，位相曲線については図 3.5.9 であらかじめ把握していたとおりである。

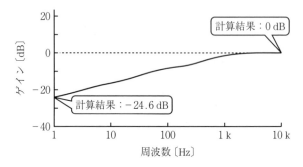

図 3.5.10　ゲイン曲線の実測結果

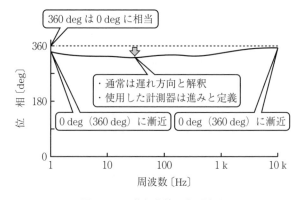

図 3.5.11　位相曲線の実測結果

3.5 位相進み補償器

【回路例3】 反転アンプを用いた位相進み補償器（その1）

反転アンプを用いた位相進み補償器を**図 3.5.12** に示す。この伝達関数 v_{out}/v_{in} の算出にあたって，2 種類の方法を示す。いずれも，反転アンプの公式を使う。

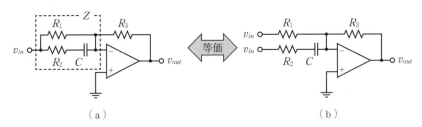

図 3.5.12 反転アンプを用いた位相進み補償器（その1）

一つ目の方法では，反転アンプの公式を素直に使用する。図 3.5.12（a）を参照して，反転端子に接続される四角の破線で囲むインピーダンス Z は式（3.5.24）である。

$$Z = \frac{R_1\left(R_2 + \frac{1}{Cs}\right)}{R_1 + \left(R_2 + \frac{1}{Cs}\right)} = \frac{R_1(R_2Cs + 1)}{(R_1 + R_2)Cs + 1} \tag{3.5.24}$$

したがって，v_{out}/v_{in} は式（3.5.25）となる。

$$\frac{v_{out}}{v_{in}} = -\frac{R_3}{Z} = -\frac{R_3}{R_1} \cdot \frac{(R_1 + R_2)Cs + 1}{R_2Cs + 1} \tag{3.5.25}$$

二つ目の方法では，図 3.5.12（b）のように入力 v_{in} が二つあり，それらが加算されていると考える。このとき，v_{out} は式（3.5.26）であり，式（3.5.25）と一致する。

$$\begin{aligned} v_{out} &= \left(-\frac{R_3}{R_1} \cdot v_{in}\right) + \left(-\frac{R_3}{R_2 + \frac{1}{Cs}} \cdot v_{in}\right) \\ &= -\frac{R_3}{R_1} \cdot \frac{(R_1 + R_2)Cs + 1}{R_2Cs + 1} \cdot v_{in} \end{aligned} \tag{3.5.26}$$

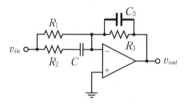

図 3.5.13 反転アンプを用いた位相進み補償器に対する高域ゲイン低下

なお,サーボ系での使用にあたって不要な発振を生じないように,あらかじめ高周波数領域のゲインを落とす。そのため,**図 3.5.13** のように R_3 と並列にコンデンサ C_3 を挿入することがある。同図の伝達関数 v_{out}/v_{in} は,式 (3.5.27) となる。

$$\frac{v_{out}}{v_{in}} = -\frac{R_3}{R_1} \cdot \frac{(R_1+R_2)Cs+1}{R_2Cs+1} \cdot \underbrace{\frac{1}{R_3C_3s+1}}_{\text{高周波数領域のフィルタリング}} \quad (3.5.27)$$

ここで,C_3 を接続しない場合,このインピーダンスを無限大にすればよい。したがって,式 (3.5.27) で $C_3=0$ とおいたとき,当然のことながら式 (3.5.25) と完全に一致する。

さて,式 (3.5.27) において,右辺波線の箇所は,高周波数領域のゲインを落とす 1 次 LPF として機能させ,位相進みの機能は波線以外の項で設計されている。つまり,高域の折点周波数 $1/2\pi R_3 C_3$ の決定にあたっては,C_3 の値を適切に選ぶ。一般に,小さい値のコンデンサとなる。

具体的に,$R_1=10$ kΩ, $R_2=100$ Ω, $R_3=10$ kΩ, $C=0.027$ μF, $C_3=220$ pF のときのボード線図を確認してみよう。式 (3.5.27) の各係数から,ボード線図の形を決定付ける以下の基本情報が得られる。

・位相進みの機能

　　直流ゲイン:$R_3/R_1=1$(0 dB)

　　分子の時定数:$(R_1+R_2)C=272.2$ μs →折点周波数:$1/\{2\pi(R_1+R_2)C\}=583.63$ Hz

　　分母の時定数:$R_2C=2.7$ μs　→折点周波数:$1/(2\pi R_2C)=58.95$ kHz

・高周波領域のフィルタリング

　　分母の時定数:$R_3C_3=2.2$ μs　→折点周波数:$1/(2\pi R_3C_3)=72.34$ kHz

実測のボード線図を**図 3.5.14** に示す。同図を,上記の数値計算を踏まえて観察してみよう。まず,低い周波数(実測では 10 Hz)でのゲインは 0 dB,そ

3.5 位相進み補償器

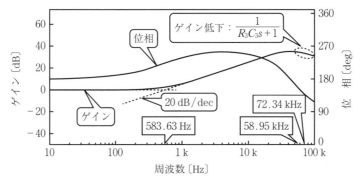

図 3.5.14 位相進み補償器（図 3.5.13）のボード線図の実測結果

して，式 (3.5.27) で $s \to 0$ としたときのマイナス符号から位相は 180 deg であると実測結果からも確認できる．さらに周波数が高くなると，折点周波数 583.63 Hz からゲインが +20 dB/dec の傾斜で上昇していき，同時に，位相は 180 deg を基準として進む．ゲイン上昇は折点周波数 58.95 kHz までであり，そして位相進みはこの折点周波数近傍では 180 deg まで戻る．より周波数が高くなると，折点周波数 72.34 kHz 以降，ゲインの低下および位相の遅れが現れている．

【回路例 4】 反転アンプを用いた位相進み補償器（その 2）

図 3.5.15 の破線で囲む部分のインピーダンス Z を計算したうえで，反転アンプの公式を用いて伝達関数を計算できる．まず，Z は式 (3.5.28) である．

$$Z = R_1 + \frac{R_2}{R_2 Cs + 1} = (R_1 + R_2) \frac{\frac{R_1 R_2}{R_1 + R_2} Cs + 1}{R_2 Cs + 1} \tag{3.5.28}$$

したがって，反転アンプの公式を使って，伝達関数 v_{out}/v_{in} は式 (3.5.29) となる．

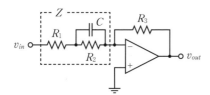

図 3.5.15 反転アンプを用いた位相進み補償器（その 2）

$$\frac{v_{out}}{v_{in}} = -\frac{R_3}{R_1+R_2} \cdot \frac{R_2 Cs+1}{\dfrac{R_1 R_2}{R_1+R_2}Cs+1} \qquad (3.5.29)$$

【回路例 5】 非反転アンプを用いた位相進み補償器（その 1）

表 2.4.3 に記載した非反転アンプの伝達関数の公式を適用して，**図 3.5.16** の伝達関数 v_{out}/v_{in} は式 (3.5.30) である。

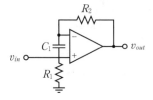

$$\frac{v_{out}}{v_{in}} = 1 + \frac{R_2}{R_1+\dfrac{1}{C_1 s}} = 1+\frac{R_2 C_1 s}{R_1 C_1 s+1}$$

$$= \frac{(R_1+R_2)C_1 s+1}{R_1 C_1 s+1} \qquad (3.5.30)$$

図 3.5.16 非反転アンプを用いた位相進み補償器（その 1）

［注意］ 外付けインピーダンスを，伝達関数の公式に代入した次式のままにしてはならない。

$$\frac{v_{out}}{v_{in}} = 1 + \frac{R_2 C_1 s}{R_1 C_1 s+1}$$

代入計算に過誤はない。しかし，このような伝達関数の整理では，極と零点の大小関係が不明瞭なため，ボード線図の形状を容易に把握できない。したがって，式 (3.5.30) 最右辺のように，分子・分母ともに s に関する多項式の形にまとめる必要がある。

【回路例 6】 非反転アンプを用いた位相進み補償器（その 2）

図 3.5.17（a）の伝達関数 v_{out}/v_{in} は，式 (3.5.31) である。

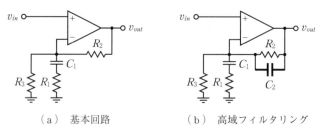

（a）基本回路　　（b）高域フィルタリング

図 3.5.17 非反転アンプを用いた位相進み補償器（その 2）

$$\frac{v_{out}}{v_{in}} = \frac{R_2 + R_3}{R_3} \cdot \frac{\left(R_1 + \frac{R_2 R_3}{R_2 + R_3}\right) C_1 s + 1}{R_1 C_1 s + 1} \tag{3.5.31}$$

[**注意**]　式 (3.5.31) では，分子の時定数を $(R_1 + R_2 /\!/ R_3) C_1$ と整理している。分母の時定数 $R_1 C_1$ と対比したとき，分子の時定数の方が，分母のそれよりも大きいことを明示するためである。

　一方，オペアンプのサーボ系での発振を誘起させないために，図 3.5.17（b）のように，R_2 と並列に C_2 を接続して，高周波域のゲインを落とす。同図の伝達関数 v_{out}/v_{in} は式 (3.5.32) となる。

$$\frac{v_{out}}{v_{in}} = \frac{R_2 + R_3}{R_3} \cdot \frac{\frac{R_1 R_2 R_3}{R_2 + R_3} C_1 C_2 s^2 + \left\{\left(R_1 + \frac{R_2 R_3}{R_2 + R_3}\right) C_1 + \frac{R_2 R_3}{R_2 + R_3} C_2\right\} s + 1}{(R_1 C_1 s + 1)(R_2 C_2 s + 1)}$$
$$\tag{3.5.32}$$

ここで，$C_2 = 0$ すなわち C_2 を接続しないときの式 (3.5.32) は，式 (3.5.31) と一致する。しかし，式 (3.5.32) の分子多項式は因数分解できない。R_2 と並列に C_2 を挿入することによって高周波数領域のゲインを落とせても，式 (3.5.31) に基づいて設計した折点周波数を大幅に変化させてはならない。ここでは，数値例 $R_1 = 470\,\Omega$，$R_2 = 150\,\mathrm{k}\Omega$，$R_3 = 10\,\mathrm{k}\Omega$，$C_1 = 0.033\,\mathrm{\mu F}$，$C_2 = 10\,\mathrm{pF}$ を使って，折点周波数の変化を確認しておこう。

　まず，C_2 の接続がない式 (3.5.31) の場合，以下のとおりである。

・直流ゲイン：$\dfrac{R_2 + R_3}{R_3} = 16.0\,(24.08\,\mathrm{dB})$

・分子から決まる折点周波数：$\dfrac{1}{2\pi\left(R_1 + \dfrac{R_2 R_3}{R_2 + R_3}\right) C_1} = \underline{489.88\,\mathrm{Hz}}$

・分母から決まる折点周波数：$\dfrac{1}{2\pi R_1 C_1} = 10.26\,\mathrm{kHz}$

　次に，C_2 を挿入した式 (3.5.32) の場合，以下のとおりである。

・直流ゲイン：16.0（24.08 dB）

- 分子：489.75 Hz, 35.57 MHz（帯域内では無関係）
- 分母：10.26 kHz, $\dfrac{1}{2\pi R_2 C_2} = 106.10$ kHz

C_2 挿入によって，高域ゲインを落とす折点周波数には，上記の「分母」のところで下線を施した．高域フィルタリングの追加に伴って，式 (3.5.31) の分子で折点周波数を 489.88 Hz と定めたにもかかわらず，C_2 の接続によって設計した折点周波数を大幅に変えてはならない．式 (3.5.32) の分子を数値計算で求めると上述のように 489.75 Hz であり，ほとんど変化してない．C_2 を十分に小さく選んだからである．なお，二重下線を付けた 35.57 MHz は，設計した位相進み補償の帯域外にあり，それはオペアンプ自体の開ループ周波数特性のロールオフ領域である．

【回路例7】 複素共役な極・零点を有する位相進み補償器

図 3.5.18 を参照して，①，②，③ の箇所の電流を表現する回路方程式 (3.5.33)～(3.5.35) が立てられる．

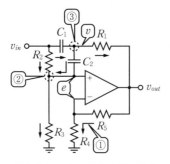

図 3.5.18 複素共役な極・零点を有する位相進み補償器と解析用の記号付与

① の箇所： $\dfrac{e}{R_4} = \dfrac{v_{out} - e}{R_5}$ (3.5.33)

② の箇所： $\dfrac{e}{R_3} = \dfrac{v_{in} - e}{R_2} + C_2 s \cdot (v - e)$ (3.5.34)

③ の箇所： $C_1 s (v_{in} - v) = C_2 s (v - e) + \dfrac{v - v_{out}}{R_1}$ (3.5.35)

これより，e と v を消去して，伝達関数 v_{out}/v_{in} を求めると式 (3.5.36) を得る．

$$\dfrac{v_{out}}{v_{in}} = \dfrac{R_4 + R_5}{R_4} \cdot \dfrac{s^2 + \dfrac{1}{R_2}\left(\dfrac{1}{C_1} + \dfrac{1}{C_2}\right)s + \dfrac{1}{R_1 R_2 C_1 C_2}}{s^2 + \left\{\left(\dfrac{1}{R_2} + \dfrac{1}{R_3}\right)\left(\dfrac{1}{C_1} + \dfrac{1}{C_2}\right) - \dfrac{1}{\dfrac{R_1 R_4}{R_5} C_1}\right\}s + \dfrac{1}{R_1 (R_2 /\!/ R_3) C_1 C_2}}$$

(3.5.36)

標準的な伝達関数 v_{out}/v_{in} の形は式 (3.5.37) であり，同式より s 平面の極（×印）と零点（○印）の配置は図 3.5.19 となる．

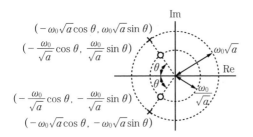

図 3.5.19　極と零点の配置

$$\frac{v_{out}}{v_{in}} = k \cdot \frac{s^2 + \dfrac{2\omega_0 \cos\theta}{\sqrt{a}} s + \dfrac{\omega_0^2}{a}}{s^2 + 2\omega_0 \sqrt{a} \cos\theta\, s + \omega_0^2 a} \tag{3.5.37}$$

ただし，式 (3.5.38)～(3.5.42) に示す変数の置換えをしている．

$$k = 1 + \frac{R_5}{R_4} \tag{3.5.38}$$

$$R_1 R_2 C_1 C_2 = \frac{a}{\omega_0^2} \tag{3.5.39}$$

$$\frac{R_2}{R_3} = a^2 - 1 \tag{3.5.40}$$

$$\frac{C_2}{C_1} = 2\sqrt{\frac{R_2 C_2}{R_1 C_1}} \cos\theta - 1 \tag{3.5.41}$$

$$\frac{R_5}{R_4} = 2a(a-1)\sqrt{\frac{R_1 C_1}{R_2 C_2}} \cos\theta \tag{3.5.42}$$

ここで，仕様として $a=10$，$\omega_0 = 7.5 \times 10^4 \mathrm{rad/s}$，$\theta = 60\,\mathrm{deg}$ を与える．これを満たすように，$R_1 = 10\,\mathrm{k\Omega}$，$R_2 = 100\,\mathrm{k\Omega}$，$R_3 = 1\,\mathrm{k\Omega}$，$R_4 = 2.2\,\mathrm{k\Omega}$，$R_5 = 150\,\mathrm{k\Omega}$，$C_1 = 3\,300\,\mathrm{pF}$，$C_2 = 470\,\mathrm{pF}$ と選ぶ．任意の素子値は選べないので，これらを使ったときの a，ω_0，θ を再計算し，仕様と比べると表 3.5.1 のとおりである．

次に，周波数応答の実測結果であるゲイン曲線を図 3.5.20 に，位相曲線を

3. 補償器

表 3.5.1 a, ω_0, θ の仕様と再計算の結果

公　式	再計算結果	仕　様
$\dfrac{R_2}{R_3} = a^2 - 1$	$a = 10.05$	$a = 10$
$R_1 R_2 C_1 C_2 = \dfrac{a}{\omega_0^2}$	$\omega_0 = 8.05 \times 10^4$	$\omega_0 = 7.5 \times 10^4$
$\dfrac{C_2}{C_1} = 2\sqrt{\dfrac{R_2 C_2}{R_1 C_1}} \cos\theta - 1$	$\theta = 61.40$	$\theta = 60$
$\dfrac{R_5}{R_4} = 2a(a-1)\sqrt{\dfrac{R_1 C_1}{R_2 C_2}} \cos\theta$	$\theta = 63.43$	

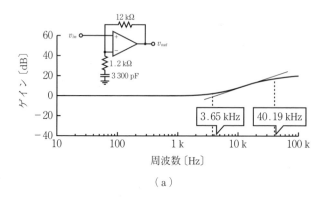

(a)

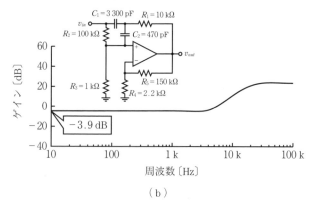

(b)

図 3.5.20 1次位相進み補償器（図(a)）と複素共役な極・零点を有する位相進み補償器（図(b)）のゲイン曲線の比較

図 3.5.21 に示す。いずれも，比較のため，図 3.5.16 に記載の位相進み補償回路を使って，ほぼ同じ周波数帯域で位相を進ませた実測結果も併せて示す。

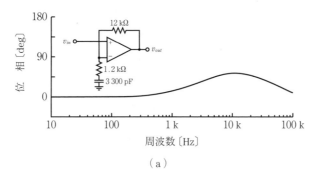

(a)

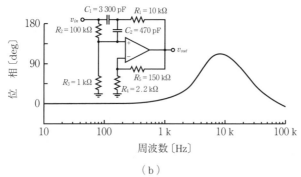

(b)

図 3.5.21 1 次位相進み補償器（図(a)）と複素共役な極・零点を有する位相進み補償器（図(b)）の位相曲線の比較

3.6 位相遅れ補償器

位相遅れ補償器（phase lag compensator）$G_{lag}(s)$ の伝達関数は式 (3.6.1) である。ただし，$\beta>1$ である。

$$G_{lag}(s) = K\beta \cdot \frac{Ts+1}{\beta Ts+1} \tag{3.6.1}$$

ここで，位相進み補償に対する対（つい）の用語として，位相遅れ補償と称している。前者では，「位相進み」の特性をサーボ系の特性改善に積極的に

使っている。一方、後者では、「位相遅れ」をサーボ系の特性改善に使っているわけではない。位相遅れは制御系の安定性にとって好ましくない性質であり、ゲイン特性を活用していることに注意したい。

図 3.6.1 に位相遅れ補償器のボード線図を示す。同図において、位相 ϕ が最小の周波数 f_{min} は式 (3.6.2) で与えられる。

$$f_{min} = \frac{1}{2\pi T\sqrt{\beta}} \quad (3.6.2)$$

このときのゲイン $|G_{lag}(j\omega)|$、そして位相遅れ量 ϕ_{min} は、それぞれ式 (3.6.3)、(3.6.4) である。

$$\left| G_{lag}(j\omega) \right|_{\omega=1/T\sqrt{\beta}} = K\sqrt{\beta}$$
$$(3.6.3)$$

$$\phi_{min} = -\tan^{-1}\frac{\beta-1}{2\sqrt{\beta}} \quad (3.6.4)$$

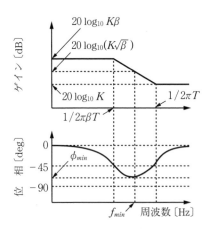

図 3.6.1　位相遅れ補償器のボード線図

具体的な回路例を以下に示す。

【回路例 1】　受動素子の R と C を用いた位相遅れ補償器

図 3.6.2 から、伝達関数 v_{out}/v_{in} はインピーダンスの比なので式 (3.6.5) となる。

$$\frac{v_{out}}{v_{in}} = \frac{R_2 + \dfrac{1}{Cs}}{R_1 + R_2 + \dfrac{1}{Cs}} = \frac{R_2 Cs + 1}{(R_1 + R_2)Cs + 1}$$

$$(3.6.5)$$

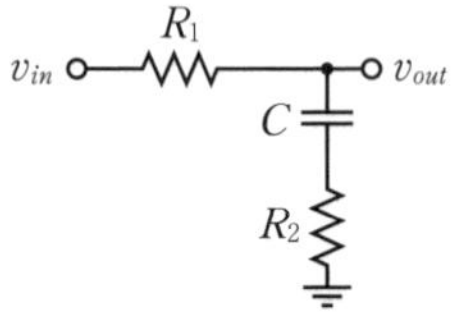

図 3.6.2　R と C を用いた位相遅れ補償器

したがって、式 (3.6.1) と式 (3.6.5) を比べて、パラメータの対応は式 (3.6.6) のとおりである。

$$T = R_2 C, \quad K = \frac{R_2}{R_1 + R_2}, \quad \beta = 1 + \frac{R_1}{R_2}, \quad K\beta = 1 \quad (3.6.6)$$

3.6 位相遅れ補償器

【回路例 2】 擬似積分補償器

制御量を目標値 r に完全に追従させるため,言い換えると,十分な時間が経過した後に偏差 e を零にするためには,サーボ系のなかに積分器 $1/s$ を組み込む必要がある。3.3 節の PI 補償器,そして 3.4 節の PID 補償器には積分器があるので,これらの補償器をサーボ系で用いたとき,定常偏差零が実現される。

しかし,ここで扱う補償器には「擬似」の名称が付されている。つまり,完全な積分器ではない。不完全な積分器であるため,これをサーボ系で用いたとき,定常偏差零は実現できない。そうすると,実用性がない回路と思われるかもしれない。しかし,実用に供されている回路である。

図 3.6.3 に回路構造を示す。同図において,破線で囲むインピーダンス Z_1,Z_2 を求めると

$$Z_1 = \frac{R_1 \cdot \frac{1}{C_1 s}}{R_1 + \frac{1}{C_1 s}} = \frac{R_1}{R_1 C_1 s + 1} \quad (3.6.7)$$

$$Z_2 = \frac{R_2}{R_2 C_2 s + 1} \quad (3.6.8)$$

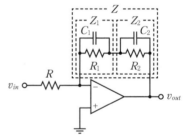

図 3.6.3 擬似積分補償回路(位相遅れ補償回路)

である。そして,Z_1 と Z_2 の直列接続となる帰還パスのインピーダンス Z は,式 (3.6.9) となる。

$$Z = Z_1 + Z_2 = \frac{R_1}{R_1 C_1 s + 1} + \frac{R_2}{R_2 C_2 s + 1} = (R_1 + R_2)\frac{\frac{R_1 R_2}{R_1 + R_2}(C_1 + C_2)s + 1}{(R_1 C_1 s + 1)(R_2 C_2 s + 1)} \quad (3.6.9)$$

したがって,伝達関数 v_{out}/v_{in} は式 (3.6.10) となる。

$$\frac{v_{out}}{v_{in}} = -\frac{R_1 + R_2}{R} \cdot \frac{\frac{R_1 R_2}{R_1 + R_2}(C_1 + C_2)s + 1}{(R_1 C_1 s + 1)(R_2 C_2 s + 1)} \quad (3.6.10)$$

ここで，$C_2 \gg C_1$ の場合，式 (3.6.10) 右辺を書き直すと式 (3.6.11) となる．

$$\frac{R_1+R_2}{R} \cdot \frac{\frac{R_1 R_2}{R_1+R_2}(C_1+C_2)s+1}{R_2 C_2 s+1} \cdot \frac{1}{R_1 C_1 s+1}$$

$$\approx \left(\frac{R_1+R_2}{R} \cdot \frac{\frac{R_1 R_2}{R_1+R_2}C_2 s+1}{R_2 C_2 s+1}\right) \cdot \left[\frac{1}{R_1 C_1 s+1}\right] \quad (3.6.11)$$

上式右辺の（・）内が，式 (3.6.1) の位相遅れ補償器 $G_{lag}(s)$ に相当しており，パラメータの対応関係は以下のとおりである．

$$K = \frac{R_1}{R}, \qquad \beta = 1 + \frac{R_2}{R_1}, \qquad T = \frac{R_1 R_2 C_2}{R_1+R_2}$$

一方，式 (3.6.11) 右辺の［・］内の伝達関数は，高周波数領域のゲインをロールオフさせるフィルタとして機能する．

ここで，$R = 390\,\mathrm{k\Omega}$, $R_1 = 330\,\mathrm{k\Omega}$, $R_2 = 2.2\,\mathrm{M\Omega}$, $C_1 = 68\,\mathrm{pF}$, $C_2 = 22\,\mathrm{\mu F}$ のときのボード線図の実測結果を図 3.6.4 に示す．同線図の形状を決める基本情報は，式 (3.6.10) の各係数にあり，実測結果と理論計算との対応をとるために以下の計算を行う．

- 直流ゲイン：$\dfrac{R_1+R_2}{R} = \dfrac{330+2\,200}{390} = 6.487\,(16.24\,\mathrm{dB})$

- 1次分子多項式から：$1/\left\{2\pi \cdot \dfrac{R_1 R_2}{R_1+R_2}(C_1+C_2)\right\} = 0.025\,2\,\mathrm{Hz}$

- 因数分解済みの2次分母多項式から：$1/(2\pi \cdot R_2 C_2) = 0.003\,2\,\mathrm{Hz}$，
  $1/(2\pi \cdot R_1 C_1) = 7.09\,\mathrm{kHz}$

折点周波数は極低周波数領域にあり，計測にあたっての正弦波掃引に時間がかかり過ぎるので，図 3.6.4 の実測では計測を途中で打ち切っている．そのため，折点周波数 $0.025\,2\,\mathrm{Hz}$ は読み取れるものの，理論計算で求めた直流領域のゲイン $16.24\,\mathrm{dB}$，および折点周波数 $0.003\,2\,\mathrm{Hz}$ は計測結果に表れていない．しかし，平坦なゲインは，実測結果から読み取って $-1.2\,\mathrm{dB}$ である．一方，理論計算では，$20\log_{10}(R_1/R) = -1.45\,\mathrm{dB}$ となり，ほぼ一致している．

3.6 位相遅れ補償器

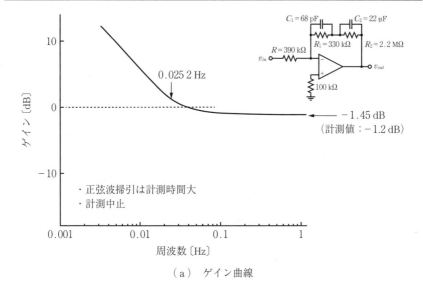

(a) ゲイン曲線

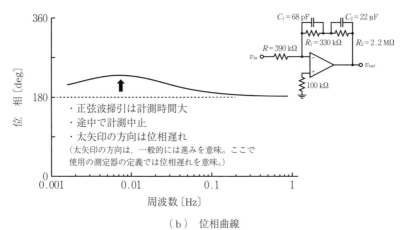

(b) 位相曲線

図 3.6.4 図 3.6.3 の実測のボード線図の実測結果

[**注意**] 式 (3.6.10) を得る計算途上の伝達関数 v_{out}/v_{in} である次式を参照しよう。

$$\frac{v_{out}}{v_{in}} = -\frac{1}{R} \cdot \frac{R_1 R_2 (C_1 + C_2) s + R_1 + R_2}{(R_1 C_1 s + 1)(R_2 C_2 s + 1)}$$

もちろん，式 (3.6.10) と等価である。しかし，工学的に意味のあるまとめ

方ではない。具体的に、分母の s^1 の係数は〔抵抗値 Ω〕・〔コンデンサ容量 F〕＝〔秒 s〕であるが、分子多項式の s^1 の係数は時定数の次元ではない箇所である。

3.7 位相進み遅れ補償器

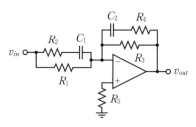

図 3.7.1 位相進み遅れ補償回路

3.5 節の位相進み補償器と、3.6 節の位相遅れ補償器をカスケード接続したとき、**位相進み遅れ補償器**（phase lead lag compensator）となる。これを一つのオペアンプで実現する回路例を図 3.7.1 に示す。

同図の伝達関数 v_{out}/v_{in} は、反転アンプの公式を適用して式 (3.7.1) である。

$$\frac{v_{out}}{v_{in}} = -\frac{R_3}{R_1} \cdot \underbrace{\frac{1+R_4C_2s}{1+(R_3+R_4)C_2s}}_{\text{位相遅れ}} \cdot \underbrace{\frac{1+(R_1+R_2)C_1s}{1+R_2C_1s}}_{\text{位相進み}} \quad (3.7.1)$$

ここで、$R_1 = 47$ kΩ, $R_2 = 47$ kΩ, $R_3 = 560$ kΩ, $R_4 = 47$ kΩ, $R_5 = 4.7$ kΩ（v_{out}/v_{in} の計算には関係しない）、$C_1 = 0.08$ μF, $C_2 = 0.47$ μF のとき、式 (3.7.1) のゲイン曲線を折線近似で作図すると**図 3.7.2** となる。

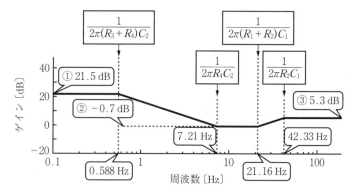

図 3.7.2 折線近似による位相進み遅れ補償器のゲイン曲線

図 3.7.2 の作図の点検は，①～③ のゲインを確認することによって行える。計測結果に対しても，ゲイン特性の特徴点を理論計算に照らし合わせて，設計どおりになっているかを確認できる。

■ ゲイン ① の計算

式 (3.7.1) で $s \to 0$ のとき

$$\left| \frac{v_{out}}{v_{in}} \right|_{s \to 0} = \frac{R_3}{R_1} = 11.91 \, (21.52 \, \text{dB}) \tag{3.7.2}$$

となる。

■ ゲイン ② の計算

式 (3.7.1) において，位相進みの伝達関数で決まる折点周波数を ∞ へ移動させた伝達関数に対して $s \to \infty$ の計算を行う。その結果は式 (3.7.3) である。

$$\left| -\frac{R_3}{R_1} \cdot \frac{1 + R_4 C_2 s}{1 + (R_3 + R_4) C_2 s} \right|_{s \to \infty} = \frac{R_3}{R_1} \cdot \frac{R_4}{R_3 + R_4} = 0.92 \, (-0.70 \, \text{dB}) \tag{3.7.3}$$

■ ゲイン ③ の計算

式 (3.7.1) で $s \to \infty$ のとき，式 (3.7.4) となる。

$$\left| \frac{v_{out}}{v_{in}} \right|_{s \to \infty} = \frac{R_3}{R_1} \cdot \frac{R_4}{R_3 + R_4} \cdot \frac{R_1 + R_2}{R_2} = 1.85 \, (5.32 \, \text{dB}) \tag{3.7.4}$$

3.8　ローパスフィルタ

図 3.8.1 のサーボ系でノイズが多い場合，あるいはサーボ系の帯域外に共振がある場合，**ローパスフィルタ**（LPF：low pass filter）を使ってこれらの信号成分を減衰させる。以下に，4 種類の回路例を示そう。

【回路例 1】　RC ローパスフィルタ

受動素子 R と C を使った**図 3.8.2** の伝達関数 v_{out}/v_{in} は式 (3.8.1) となる。

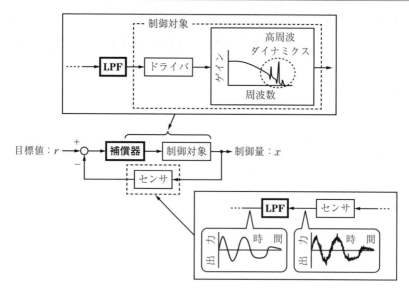

図 3.8.1 サーボ系のなかでの LPF の使用

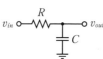

$$\frac{v_{out}}{v_{in}} = \frac{\dfrac{1}{Cs}}{R + \dfrac{1}{Cs}} = \frac{1}{RCs+1} \quad (3.8.1)$$

図 3.8.2 *RC* 素子を用いた LPF

【回路例 2】 1 次ローパスフィルタ

反転アンプを用いた LPF を図 3.8.3 に示す。伝達関数 v_{out}/v_{in} は式 (3.8.2) である。

$$\frac{v_{out}}{v_{in}} = -\frac{\dfrac{R_2}{R_2 Cs+1}}{R_1} = -\frac{R_2}{R_1} \cdot \frac{1}{R_2 Cs+1} \quad (3.8.2)$$

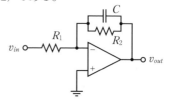

図 3.8.3 反転アンプを用いた LPF

【回路例 3】 バタワースフィルタ

【回路例 1, 2】の LPF における折点周波数以降のゲインは, $-20\,\mathrm{dB/dec}$ のカーブで減衰する。この減衰 (roll-off : **ロールオフ**と呼称) を強力にするために, 2 次 LPF が使われる。具体的に, 図 3.8.4 (a) はロールオフ $-40\,\mathrm{dB/dec}$ を実現するバタワースフィルタであ

3.8 ローパスフィルタ

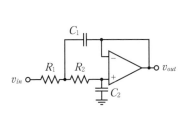
（a）バタワースフィルタ

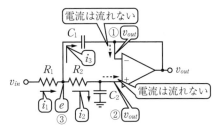
（b）解析のための記号付与と考え方

図 3.8.4 バタワースフィルタと解析のための補助図面

る。

回路解析のために，図 3.8.4（b）の補助図面を参照しよう。まず，反転端子の電位は①に示すように v_{out} である。イマジナリショートの性質を使って，非反転端子の電位も②のように v_{out} となる。そして，③で示す箇所の電位を e とおく。さらに，電流 i_1, i_2, i_3 の間には，$i_1 = i_2 + i_3$ の関係があるため，式 (3.8.3) が成立する。

$$\frac{v_{in} - e}{R_1} = \frac{e - v_{out}}{R_2} + C_1 s \cdot (e - v_{out}) \tag{3.8.3}$$

次に，R_2 に流れる電流 i_2 は C_2 に流れる電流と等しいので

$$\frac{e - v_{out}}{R_2} = C_2 s \cdot v_{out} \tag{3.8.4}$$

となる。式 (3.8.3) と式 (3.8.4) を連立させて e を消去すると，伝達関数 v_{out}/v_{in} は式 (3.8.5) となる。

$$\frac{v_{out}}{v_{in}} = \frac{1}{R_1 R_2 C_1 C_2 s^2 + (R_1 + R_2) C_2 s + 1} \tag{3.8.5}$$

上式は，式 (3.8.6) のように書き直せる。

$$\frac{v_{out}}{v_{in}} = \frac{\dfrac{1}{R_1 R_2 C_1 C_2}}{s^2 + \dfrac{1}{(R_1 /\!/ R_2) C_1} s + \dfrac{1}{R_1 R_2 C_1 C_2}} \tag{3.8.6}$$

式 (3.8.6) において，帯域内の周波数特性の波うちが最も小さい，いわゆる

最大平坦特性を得たい場合，同式の分母多項式の s^1 項の係数は決まっている。それは，遮断角周波数を ω_0 ($=2\pi f_0$) とおいて，式 (3.8.7) のとおりである。

$$\frac{v_{out}}{v_{in}} = \frac{\omega_0^2}{s^2 + \sqrt{2}\,\omega_0 s + \omega_0^2} \tag{3.8.7}$$

ただし，式 (3.8.8) とおいている。

$$f_0 = \frac{\omega_0}{2\pi} = \frac{1}{2\pi\sqrt{R_1 R_2 C_1 C_2}} \tag{3.8.8}$$

ここで，**遮断周波数**（cutoff frequency）f_0 を指定のときの素子値を決めねばならない。ほとんどの場合，$R_1 = R_2 = R$ としたうえで，C_1, C_2 を式 (3.8.9) とする。

$$C_1 = \frac{1}{\sqrt{2}\,\pi f_0 R}, \qquad C_2 = \frac{1}{2\sqrt{2}\,\pi f_0 R} = \frac{C_1}{2} \tag{3.8.9}$$

【回路例 4】 バイカッド回路

図 3.8.5 (a) に**バイカッド回路**（biquadratic circuit）を示す。この伝達関数 v_{out}/v_{in} を求める。解析前に，まず，同図 (a) が閉ループ系になっていることに注意して，この安定化のために負帰還が施されていることを確認してみよう。

図 3.8.5 (b) は，正弦波 ① が v_{in} に入力されたとき，この信号の伝達が ②，③，そして ④ の波形になることを示す。① と ④ の位相を比較したとき，① に対して ④ のそれは反転しており，同一の反転端子に加算されている。したがって，負帰還になっている。

さらに，図 3.8.5 (b) は，伝達関数 v_{out}/v_{in} を導出するための準備の図面になっており，図中に記載の伝達関数を用いて式 (3.8.10) が成立する。

$$\left.\begin{aligned} e &= -\frac{R_2}{R_1}\frac{1}{1 + R_2 C_1 s}\cdot v_{in} - \frac{R_2}{R_4}\frac{1}{1 + R_2 C_1 s}\cdot v_{out} \\ v_{out} &= (-1)\cdot -\frac{1}{R_3 C_2 s}\cdot e \end{aligned}\right\} \tag{3.8.10}$$

上式から e を消去して，伝達関数 v_{out}/v_{in} は式 (3.8.11) となる。

3.8 ローパスフィルタ

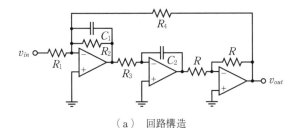

(a) 回路構造

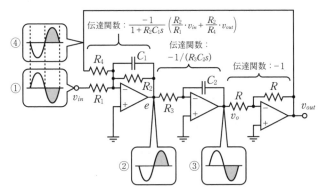

(b) 伝達関数 v_{out}/v_{in} を計算するための準備

図 3.8.5 バイカッド回路

$$\frac{v_{out}}{v_{in}} = -\frac{\dfrac{1}{R_1 R_3 C_1 C_2}}{s^2 + \dfrac{1}{R_2 C_1} s + \dfrac{1}{R_3 R_4 C_1 C_2}} \tag{3.8.11}$$

さらに，式 (3.8.11) を，2次 LPF の標準形に書き直して式 (3.8.12) である．

$$\begin{aligned}
\frac{v_{out}}{v_{in}} &= -\frac{1}{R_1 R_3 C_1 C_2} \bigl(R_3 R_4 C_1 C_2 \bigr) \frac{\dfrac{1}{R_3 R_4 C_1 C_2}}{s^2 + \dfrac{1}{R_2 C_1} s + \dfrac{1}{R_3 R_4 C_1 C_2}} \\
&= -\frac{R_4}{R_1} \cdot \frac{\dfrac{1}{R_3 R_4 C_1 C_2}}{s^2 + \dfrac{1}{R_2 C_1} s + \dfrac{1}{R_3 R_4 C_1 C_2}} \\
&= -K \cdot \frac{\omega_0^2}{s^2 + 2\zeta\omega_0 s + \omega_0^2} \tag{3.8.12}
\end{aligned}$$

つまり，ゲイン K [-]，**固有角周波数**（natural angular frequency）ω_0 [rad/s]，そして**減衰係数**（damping factor）ζ [-] は，それぞれ

$$K = \frac{R_4}{R_1} \tag{3.8.13}$$

$$\omega_0 = \frac{1}{\sqrt{R_3 R_4 C_1 C_2}} \tag{3.8.14}$$

$$\zeta = \frac{1}{2}\sqrt{\frac{R_3 R_4 C_2}{R_2^2 C_1}} \tag{3.8.15}$$

である。

ここで，v_{out} はゲイン1の反転アンプの出力であることに注意したい。図3.8.5（b）に記載のように，積分回路の出力，すなわち反転アンプの入力を v_o とおけば $v_{out}/v_o = -1$ である。そこで，入力 v_{in} に対して，出力を v_o と選んだとき，伝達関数 v_o/v_{in} は式 (3.8.16) となる。

$$\frac{v_o}{v_{in}} = +K \cdot \frac{\omega_0^2}{s^2 + 2\zeta\omega_0 s + \omega_0^2} \tag{3.8.16}$$

式 (3.8.16) は，式 (3.8.12) と対比して明らかなように極性反転のうえで同一の伝達関数になる。

さらに，式 (3.8.10) から，e/v_{in} を求めると式 (3.8.17) である。これは次節に述べるバンドパスフィルタである。

$$\frac{e}{v_{in}} = -\frac{\frac{1}{R_1 C_1}s}{s^2 + \frac{1}{R_2 C_1}s + \frac{1}{R_3 R_4 C_1 C_2}} \tag{3.8.17}$$

ここで，伝達関数 v_{out}/v_{in} は式 (3.8.11)，v_o/v_{in} は式 (3.8.16)，そして e/v_{in} は式 (3.8.17) であり，いずれの特性多項式（分母多項式）も一致することに注意したい。図3.8.5（a）のバイカッド回路は**図3.8.6 に示す閉ループ系であり，**

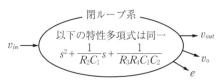

図 3.8.6 閉ループ系の特性多項式は同一

そのため出力の取り方にかかわらず特性多項式は同一となる。さらに，制御工学の立場で，積分器出力は**状態**（state）とよばれる。図3.8.5（a）をブロック線図に変換した**図3.8.7**（a）を参照すると，伝達関数$1/R_3C_2s$の積分器出力が帰還されている。したがって，図3.8.5（a）のバイカッド回路では，**状態フィードバック**（state feedback）が施されている。もちろん，図3.8.7（b）の計算式に基づいて同図（a）の伝達関数v_o/v_{in}を求めると式（3.8.16）に一致する。

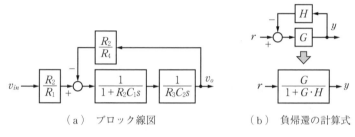

（a）ブロック線図　　　　　　（b）負帰還の計算式

図3.8.7 フィードバック系としての表示

3.9 バンドパスフィルタ

図3.9.1は，機械の振動を検出する加速度センサの信号を使ったサーボ系の一部である。同センサは傾斜計にもなるので，機械に取り付けたとき，この傾きを検出して直流成分が出る。さらに，ケーブルの引回しなどに起因して高周波数のノイズも加速度検出回路の出力に表れる。これをフィードバック信号として使う場合，直流成分と高周波数成分はいずれも減衰させておきたい。そのために，図3.9.1に示すように，低周波数および高周波数の領域でゲインを低下させる**バンドパスフィルタ**（BPF：band pass filter）が使われる。

以下に，BPFの回路例をみていくことにする。

【回路例1】 ハイパスフィルタとローパスフィルタのカスケード接続

図3.9.2のように低い周波数に折点を有する**ハイパスフィルタ**（HPF：high pass filter）と，高い周波数に折点を持つLPFをカスケード接続してBPFの特

3. 補償器

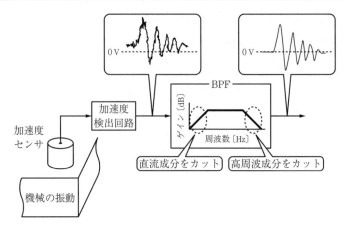

図 3.9.1 バンドパスフィルタの使用例

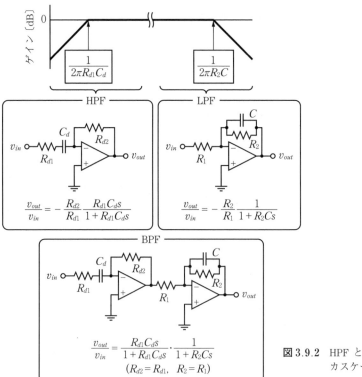

図 3.9.2 HPF と LPF の カスケード接続

性が得られる。

【回路例2】 RC素子を用いたBPF

図3.9.3は受動素子R, Cを用いたBPFである。伝達関数v_{out}/v_{in}は，式(3.9.1)となる。

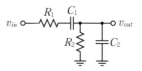

図3.9.3 RC素子を用いたBPF

$$\frac{v_{out}}{v_{in}} = \frac{\dfrac{R_2}{1+R_2C_2s}}{\left(R_1+\dfrac{1}{C_1s}\right)+\dfrac{R_2}{1+R_2C_2s}}$$

$$= \frac{R_2C_1s}{R_1R_2C_1C_2s^2+(R_1C_1+R_2C_2+R_2C_1)s+1} \quad (3.9.1)$$

ここで，式(3.9.1)右辺分母の2次多項式の解は実根であり，したがって変数の置換えを同式に施して

$$\frac{v_{out}}{v_{in}} = \frac{T_1s}{(T_2s+1)(T_3s+1)} \quad (3.9.2)$$

となる。ここで，$T_1=R_2C_1$である。なお，式(3.9.1)右辺の2次分母多項式は因数分解できないので，式(3.9.2)のT_2, T_3は数値として求められる。

次に，折線近似を使って，式(3.9.2)のボード線図のゲイン曲線を描く。まず，式(3.9.2)の分子のT_1sから，0 dBと交わる周波数は$f_1=1/(2\pi T_1)$となる。分母で決まる折点周波数は$f_2=1/(2\pi T_2)$, $f_3=1/(2\pi T_3)$である。

いま，$R_1=2.2\,\text{k}\Omega$, $R_2=220\,\text{k}\Omega$, $C_1=0.047\,\mu\text{F}$, $C_2=0.01\,\mu\text{F}$のとき，式(3.9.1)の分母多項式$2.274\,8\times 10^{-7}s^2+1.264\,3\times 10^{-2}s+1=0$の解は，$s_2=-7.920\,6\times 10^1$, $s_3=-5.550\,1\times 10^4$である。式(3.9.2)右辺分母に記載の時定数T_2, T_3との対応関係は，$T_2=1/|s_2|$, $T_3=1/|s_3|$であり，具体的な数値は，$f_1=15.39\,\text{Hz}$, $f_2=12.61\,\text{Hz}$, $f_3=8.83\,\text{kHz}$である。したがって，折線近似によるゲイン曲線は図3.9.4であり，f_2からf_3にわたってゲインが平坦なBPFの特性になる。

ここで，ゲイン平坦部は0 dBより低下している。このゲインは，図3.9.4で折点周波数f_3を∞へ移動させた後の伝達関数に対して，極限$s\to\infty$をとっ

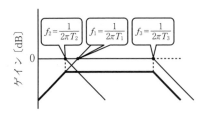
図 3.9.4 折線近似による図 3.9.3 のゲイン曲線

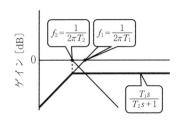
図 3.9.5 平坦領域のゲインの求め方

て算出できる（図 3.9.5 参照）．まず，式 (3.9.2) に対して $f_3 \to \infty$ の操作をすることは，$T_3 \to 0$ のそれと等価なので

$$\left.\frac{T_1 s}{(T_2 s+1)(T_3 s+1)}\right|_{T_3 \to 0} = \frac{T_1 s}{T_2 s+1} \tag{3.9.3}$$

である．さらに，式 (3.9.3) に対して $s \to \infty$ の極限をとって，図 3.9.4 の平坦部分のゲインは式 (3.9.4) である．

$$\left.\frac{T_1 s}{T_2 s+1}\right|_{s \to \infty} = \frac{T_1}{T_2} = \frac{f_2}{f_1} = -1.7\,\mathrm{dB} \tag{3.9.4}$$

3.10 ノッチフィルタ

レーザマーキングや各種のレーザ加工の分野では，ガルバノスキャナが使用されている．図 3.10.1 (a) に示すように，モータ軸に取り付けた反射ミラー

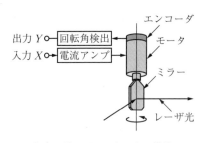
（a）ガルバノスキャナの構造

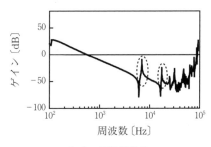
（b）周波数特性

図 3.10.1 ガルバノスキャナの高周波数領域の共振

を使って，レーザ光を走査する構造である．ここで，電流アンプの入力 X から，モータ軸に取り付けたエンコーダの出力 Y までの周波数特性を計測すると，図3.10.1（b）のとおりである．同図において，破線の楕円で囲む部分には，先鋭的な共振ピークが存在する．

このような周波数特性を持つガルバノスキャナに対して，位置のサーボ系を構成して応答性を高める調整を行っていくと，発振を生じる．そこで，共振ピークをつぶして，共振に対する低感度化を図るために，図3.10.2のようにノッチフィルタ（notch filter）をサーボ系に挿入する．

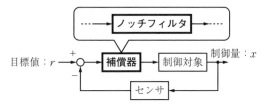

図3.10.2　ノッチフィルタの挿入

【回路例】　ノッチフィルタの伝達関数

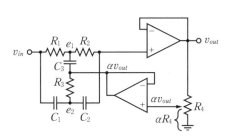

図3.10.3　代表的なノッチフィルタ

図3.10.3に代表的なノッチフィルタを示す．図中の記号を使って，回路方程式を求めると，式（3.10.1）〜（3.10.3）となる．

$$\frac{v_{in}-e_1}{R_1} = C_3 s \cdot (e_1 - \alpha v_{out})$$
$$+ \frac{e_1 - v_{out}}{R_2} \quad (3.10.1)$$

$$sC_1(v_{in}-e_2) + C_2 s \cdot (v_{out}-e_2) = \frac{e_2 - \alpha v_{out}}{R_3} \quad (3.10.2)$$

$$\frac{e_1 - v_{out}}{R_2} = C_2 s \cdot (v_{out} - e_2) \quad (3.10.3)$$

式（3.10.1）〜（3.10.3）から，e_1，e_2 を消去して，伝達関数 v_{out}/v_{in} を求めると

$$\frac{v_{out}}{v_{in}} = \frac{R_1R_2R_3C_1C_2C_3s^3 + (R_1+R_2)R_3C_1C_2s^2 + R_3(C_1+C_2)s + 1}{R_1R_2R_3C_1C_2C_3s^3 + \{R_1R_2C_2C_3(1-\alpha) + R_1R_3C_3(C_1+C_2)(1-\alpha)*}$$

$$* + R_3(R_1+R_2)C_1C_2\}s^2 + [(1-\alpha)\{R_1C_3 + (R_1+R_2)C_2\} + R_3(C_1+C_2)]s + 1$$

$$(3.10.4)$$

を得る。さらに，$R = R_1 = R_2 = 2R_3$，$C = C_1 = C_2 = C_3/2$ のもとで式 (3.10.5) である。

$$\frac{v_{out}}{v_{in}} = \frac{R^2C^2s^2 + 1}{R^2C^2s^2 + 4(1-\alpha)RCs + 1} \tag{3.10.5}$$

ここで，式 (3.10.4) の s に関する分子・分母多項式の次数は 3 である。ところが，式 (3.10.5) では，両多項式の次数が 2 となっている。この理由は，$(RCs+1)$ が共通項となり互いにキャンセルされたからである。すなわち，**極零相殺**（pole-zero cancellation）されている。

さらに，ノッチフィルタの主要なパラメータであるノッチ中心角周波数 $\omega_0 = 1/(RC)$（null 周波数とも呼称）を使って式 (3.10.5) を整理すると式 (3.10.6) を得る。

$$\frac{v_{out}}{v_{in}} = \frac{s^2 + \omega_0^2}{s^2 + 4(1-\alpha)\omega_0 s + \omega_0^2} \tag{3.10.6}$$

式 (3.10.6) から，ゲインと位相はそれぞれ式 (3.10.7)，(3.10.8) となる。

$$\text{ゲイン}: 20\log_{10}\frac{\left|1-\left(\frac{\omega}{\omega_0}\right)^2\right|}{\sqrt{\left\{1-\left(\frac{\omega}{\omega_0}\right)^2\right\}^2 + 16(1-\alpha)^2\left(\frac{\omega}{\omega_0}\right)^2}} \tag{3.10.7}$$

$$\text{位相}: -\tan^{-1}\frac{4(1-\alpha)\frac{\omega}{\omega_0}}{1-\left(\frac{\omega}{\omega_0}\right)^2} \tag{3.10.8}$$

ここで，ノッチフィルタの適用例を示そう。**図 3.10.4** は，ボールねじ・ナットという伝統的かつ汎用的な変換機構を用いたステージの位置決め制御系であ

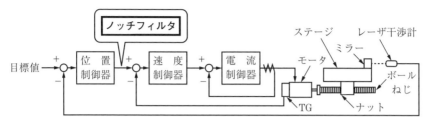

図3.10.4 位置決め制御系へのノッチフィルタの挿入

る。この変換機構の弾性変形に起因した機械振動が，制御帯域を越えたところに存在する。そのため，機械振動が位置決め波形に重畳するという現象になる。位置決めループ内で振動を低感度化するために，多くの場合，ノッチフィルタが挿入される。

図3.10.5はノッチフィルタの有無による位置決め波形の差異を示す。同フィルタの挿入により，明らかに位置決めの収束性が改善できている。

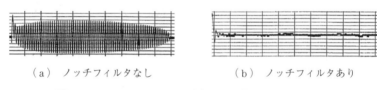

　（a）ノッチフィルタなし　　　　（b）ノッチフィルタあり

図3.10.5 ノッチフィルタの有無による位置決め波形の差異

演 習 問 題

【3.1】 擬似微分器の差動アンプ

問図 3.1 に示す差動アンプの出力 v_{out} を求めよ。

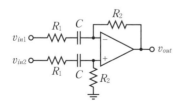

問図 3.1 擬似微分器の差動アンプ

【解答】 3.1節【回路例2】に記載の方法1，2を使うまでもなく，即座に式 (3.1.4) を適用してよい．具体的に，以下①〜③の順番で解答が得られる．

① 回路構造は差動である．したがって，出力 v_{out} は入力 v_{in1}, v_{in2} の差動に比例するので式 (1) となる．

$$v_{out} \propto -v_{in1} + v_{in2} \tag{1}$$

② 反転アンプの伝達関数を計算する．ただし，式 (1) ではすでに負符号を入れて $-v_{in1}$ としたので，インピーダンスの比だけを計算して式 (2) のとおりである．

$$\text{インピーダンスの比} = \frac{R_2}{R_1} \cdot \frac{R_1 Cs}{R_1 Cs + 1} \tag{2}$$

③ 上記①と②を使って，v_{out} は式 (3) となる．

$$v_{out} = \underbrace{\frac{R_2}{R_1} \cdot \frac{R_1 Cs}{R_1 Cs + 1}}_{②} \cdot \underbrace{(-v_{in1} + v_{in2})}_{①} \tag{3}$$

【3.2】 オールパスフィルタ

問図 3.2 に示す**オールパスフィルタ**（all pass filter）の伝達関数を算出し，折線近似を使ってボード線図のゲイン特性を描け．ここで，「オールパス」とは，「すべてを通過」の意味である．求めたゲイン特性から，全周波数にわたる信号が通過することを理解せよ．

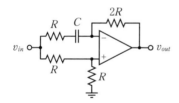

問図 3.2 オールパスフィルタ

【解答】 以下に，二つの解法を示す．

方法1：反転・非反転アンプの公式を使った重ね合わせ

解図 3.1 のように，入力 v_{in} を印加する入力インピーダンスの箇所を，反転アンプおよび非反転アンプの使い方になるようにする．次に，反転アンプとして使ったときの出力 v_{out1} と，非反転アンプとして使用のとき出力 v_{out2} を個別に求める．最終的に重ね合わせを，すなわち $v_{out} = v_{out1} + v_{out2}$ の計算を行う．つまり，式 (1) のとおりとなる．

演習問題

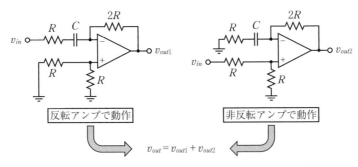

解図 3.1 オールパスフィルタを反転・非反転アンプに分割

$$v_{out} = v_{out1} + v_{out2} = -\frac{2R}{R+\frac{1}{Cs}} \cdot v_{in} + \frac{R}{R+R} \cdot \left(1+\frac{2R}{R+\frac{1}{Cs}}\right) \cdot v_{in} = \frac{1}{2} \cdot \frac{1-RCs}{1+RCs} \cdot v_{in} \tag{1}$$

方法 2：理想オペアンプの性質を使用

解図 3.2 を参照して，オペアンプの非反転端子（＋）の電位を e とおく。理想オペアンプの開ループゲインは∞なので，非反転・反転端子間の電位差は零となり，したがって，反転端子（－）の電位も e となる。さらに，オペアンプの入力インピーダンスが∞なので，破線の矢印方向に電流は流れない。実線に示す経路で電流が流れる。

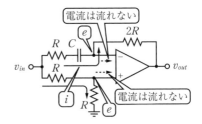

解図 3.2 解析のための電位の仮定と電流の流れ

したがって，回路方程式は式 (2) となる。

$$\left.\begin{array}{l} e = \dfrac{R}{R+R} \cdot v_{in} = \dfrac{1}{2} \cdot v_{in} \\[6pt] \dfrac{v_{in}-e}{R+\dfrac{1}{Cs}} = \dfrac{e-v_{out}}{2R} \end{array}\right\} \tag{2}$$

上式より，e を消去すると，式 (3) が得られる。

$$\frac{v_{out}}{v_{in}} = \frac{1}{2} \cdot \frac{1-RCs}{1+RCs} \tag{3}$$

式 (3) のボード線図のゲイン曲線と位相曲線は，$s = j\omega$ を代入してそれぞれ式 (4)，(5) である。

ゲイン曲線：$\left|\dfrac{v_{out}}{v_{in}}\right| = \dfrac{1}{2}\cdot\sqrt{\dfrac{1+(RC\omega)^2}{1+(RC\omega)^2}} = \dfrac{1}{2}(-6\,\mathrm{dB})$ \hfill (4)

位相曲線：$\phi = -\tan^{-1}(RC\omega) - \tan^{-1}(RC\omega) = -2\tan^{-1}(RC\omega)$ \hfill (5)

式 (4) より，ゲイン曲線は，周波数によらず一定の $-6\,\mathrm{dB}$ である．つまり，全域の周波数にわたる信号を通過させる（**解図 3.3** 上段参照）．ただし，位相曲線は周波数によって変化する．具体的に，式 (5) より低周波数領域では $\phi = 0\,\mathrm{deg}$，$\omega = 1/(RC)$ のとき位相は $90\,\mathrm{deg}$，さらに高周波数では $180\,\mathrm{deg}$ の遅れとなる（解図 3.3 下段参照）．

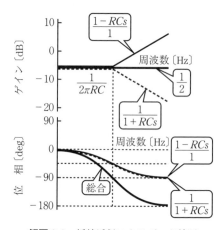

解図 3.3 折線近似によるボード線図

【3.3】 オールパスフィルタの低・高周波数領域の特性

コンデンサ C のインピーダンスは $1/Cs$ である．したがって，直流信号のときインピーダンスは ∞，高周波信号のときのそれは 0 である．このことを使って，演習問題【3.2】の問図 3.2 に示したオールパスフィルタの直流信号に対するゲインと，高周波数の信号に対するそれを求めよ．

[解答] すでに，オールパスフィルタの伝達関数は，演習問題【3.2】の式 (3) に示されている．直流信号が入力のときには $s \to 0$，高周波信号が入力されたときは $s \to \infty$ を演習問題【3.2】の式 (3) に代入する．結果は式 (1)，(2) のとおりである．

$$\left.\dfrac{v_{out}}{v_{in}}\right|_{s\to 0} = \dfrac{1}{2}\cdot\left.\dfrac{1-RCs}{1+RCs}\right|_{s\to 0} = \dfrac{1}{2} \hfill (1)$$

$$\left.\dfrac{v_{out}}{v_{in}}\right|_{s\to\infty} = \dfrac{1}{2}\cdot\left.\dfrac{1-RCs}{1+RCs}\right|_{s\to\infty} = -\dfrac{1}{2} \hfill (2)$$

式 (1) と式 (2) の結果を，直流信号および高周波信号におけるコンデンサのインピーダンスに基づいて再確認する。まず，v_{in} に直流信号が入力された場合の回路図は**解図 3.4**（a）である。コンデンサ C のインピーダンスは∞であるため，これをスイッチと見立てると「開」の状態である。そうすると，オペアンプの＋端子の電圧は抵抗 R と R とで分圧され，これがバッファアンプを介して出力となっている。したがって

$$v_{out} = \frac{R}{R+R} \cdot \left(1 + \frac{2R}{\infty}\right) \cdot v_{in} = \frac{1}{2} \cdot v_{in} \tag{3}$$

となり，式 (1) と一致する。

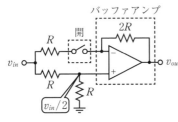 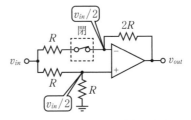

（a）直流の信号印加の場合　　　（b）高周波数の信号印加の場合

解図 3.4 直流および高周波数の信号印加に対するオールパスフィルタの等価回路

一方，v_{in} に高周波信号が入力の場合，コンデンサ C のインピーダンスは 0 であるため，これをスイッチと見立てると「閉」の状態であり，解図 3.4（b）のように表せる。反転アンプと非反転アンプによる伝達量の線形和をとると式 (4) となり，これも式 (2) と一致する。

$$v_{out} = -\frac{2R}{R} \cdot v_{in} + \frac{R}{R+R} \cdot \left(1 + \frac{2R}{R}\right) \cdot v_{in} = -\frac{1}{2} \cdot v_{in} \tag{4}$$

【3.4】 大容量コンデンサの実現

図 3.6.3 の擬似積分補償回路を再掲したのが**問図 3.3** である。これを製作したいが，大容量のコンデンサ C_2 は部品箱に備えられていないとしよう。この

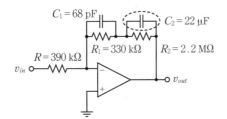

問図 3.3 擬似積分補償回路

100   3. 補 償 器

場合の実装手段を考察せよ．

解答 方法1：**解図3.5**はフィルムコンデンサであり，左側から順番に0.1，0.33，0.47 µFである．容量が大きくなるとサイズも大きくなる（中央0.33 µFと右側0.47 µFの比較を除外）．コンデンサ0.1 µFを使って問図3.3の$C_2 = 22\,\mu\text{F}$を実現する場合，並列に220個を接続する必要がある．不可能ではないが，実装スペースを要するので，現実的な方法とはいえない．

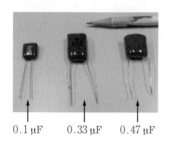

解図3.5　フィルムコンデンサ

方法2：電解コンデンサ47 µFの写真を**解図3.6**に示す．このコンデンサは極性を持つ．無極性にするため，**解図3.7**に示すように，同極どうしを接続する．解図3.6の鉛筆と電解コンデンサの大きさの比較からわかるように，47 µFの直列接続で23.5 µFとなるが，実装スペースは方法1に比べれば小さくて済む．

解図3.6　電解コンデンサ

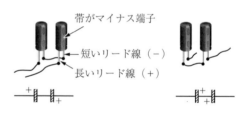

解図3.7　電解コンデンサを無極性化

【3.5】擬似積分補償回路のドリフト

問図3.4（a）の擬似積分補償回路（演習問題【3.4】の問図3.3）において，

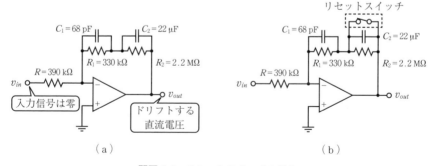

問図3.4　リセットスイッチの挿入

入力 $v_{in}=0$ V にもかかわらず，出力 v_{out} にはドリフトが存在している。この理由を考察せよ。

[解答] 無信号であっても，電子回路にはノイズが存在する。これが，擬似積分回路そのものの機能で積分される。すなわち，大容量のコンデンサ C_2 にため込まれる。そのため，v_{out} には直流電圧が生じる。ノイズのため込みは，擬似積分回路の大きな時定数にしたがうので v_{out} は徐々にシフトし，これがドリフトのように観測される。

このドリフトを強制的になくすためには，問図 3.4（b）のリセットスイッチを使って C_2 の両端をショートさせる。瞬時に，$v_{out}=0$ V となる。しかし，同スイッチをオープンにしたとき，再び v_{out} は徐々に電圧がシフトしていく。

【3.6】 信号の加算（サーボ系への信号印加）

ある製品のサーボ系の回路図は**問図 3.5** のとおりである。四角の破線で囲む部分の機能を説明せよ。

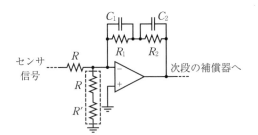

問図 3.5 一見すると機能しない素子

[解答] R と R' の直列接続は，センサ信号を補償する回路機能にとって，何らの役割もない。なぜならば，R と R' が仮想接地の反転端子とグランド間に挿入されているからである。

機能しない受動素子が，コストをかけてまで取り付けられているわけがない。機能を理解するため，**解図 3.8** のように，R と R' の配置を書き直す。すると，吹出し内に示すように，ステップ信号あるいは正弦波信号をサーボ系に導入する端子として機能させているとわかる。ここで，信号加算にとって R' は不要である。しかし，これを排除した場合，加算信号がない状態のときには，信号を加算する R の端子が無接続，すなわち浮いている状態になる。ここへのノイズ混入などを避けるため，R' を介して接地している。

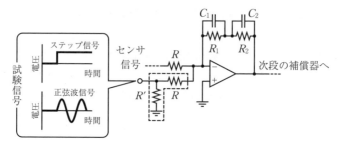

解図 3.8 試験信号印加の端子としての機能

【3.7】 外付け回路を使った信号の加算（サーボ系へ正弦波信号の印加）

オペアンプによる補償器を使った問題 3.6 のサーボ系に，正弦波信号を印加して閉ループ周波数応答を計測したい．しかし，演習問題【3.6】の解図 3.8 に示す加算端子は電子回路の基板に設けられていない．もちろん，製品基板に抵抗を外付けすることは可能である．しかし，基板に損傷を与える可能性があるので避けたい．代わりに，ループの断続を行うピンソケットは基板上に備える．どのように閉ループ周波数応答を測定したらよいのかを考察せよ．

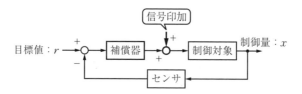

問図 3.6 サーボ系への正弦波信号の印加

[解答] 解図 3.9 の加算回路を別途に製作しておき，閉ループ周波数応答を測定するときにだけ接続する．ゲイン 1 の反転アンプを 2 段接続しているので，この加算回路をループ中に挿入したとき，フィードバックの極性とループゲインを変えることはない．そのうえで，解図 3.9 の信号印加の端子に，正弦波信号を印加できる．

演習問題　　　　　　　103

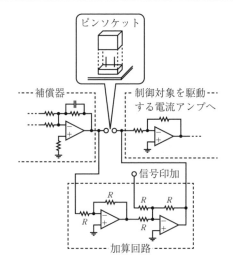

解図 3.9　外付けの加算回路

【3.8】　外付け素子としてインダクタンスは不使用のはず

2.4 節に，オペアンプに対する外付け素子としてインダクタンスは用いないと記載した．しかし，**問図 3.7**（a）（図 3.2.3（b）と同様）を参照すると，インダクタンスが接続されている．この理由を説明せよ．

　（a）　図 3.2.3（b）の回路　　（b）　速度センサのコイルは発電信号

問図 3.7　速度センサとしてのコイルの接続

解答　問図 3.7（a）に示す速度センサとしてのコイル（インダクタンス）は，バッファアンプの正転端子に接続されている．すなわち，同図（b）に示すように発電信号を入力している．つまり，オペアンプの伝達特性を決める外付け素子ではない．

【3.9】　極限 $s \to 0$，$s \to \infty$ をとる意味（最終値定理と初期値定理との関係）

図 3.7.1 の位相進み遅れ補償回路の伝達関数を求めた後，折線近似を使って

図 3.7.2 のゲイン曲線を描いた．このとき，描画が正しいことを確認するため，伝達関数に対して $s \to 0$, $s \to \infty$ の極限をとり，入力信号が低周波および高周波のときのゲインをそれぞれ求めた．この意味を考察せよ．

【解答】 入力 v_{in} が正弦波のとき $s = j\omega$ とおく．ここで，ω は角周波数，そして周波数 f は $\omega/(2\pi)$ である．したがって，$f \to 0$（直流）と $f \to \infty$ におけるゲインを知るには，$s \to 0$ と $s \to \infty$ の極限をとればよい．

別解釈として，**最終値定理**（final value theorem）と**初期値定理**（initial value theorem）を適用しているともいえる．すなわち，入力が振幅 1 V のステップ信号 $v_{in} = 1/s$ のとき，出力 v_{out} の絶対値の収束値は最終値定理を適用して

$$|v_{out}(t \to \infty)| = \left|\lim_{s \to 0} s \cdot \left[-\frac{R_3}{R_1} \cdot \frac{1 + R_4 C_2 s}{1 + (R_3 + R_4) C_2 s} \cdot \frac{1 + (R_1 + R_2) C_1 s}{1 + R_2 C_1 s} \cdot \frac{1}{s} \right]\right| = \frac{R_3}{R_1} \quad [\text{V}] \tag{1}$$

となる．同様に，初期値定理を適用して

$$|v_{out}(t \to 0)| = \left|\lim_{s \to \infty} s \cdot \left[-\frac{R_3}{R_1} \cdot \frac{1 + R_4 C_2 s}{1 + (R_3 + R_4) C_2 s} \cdot \frac{1 + (R_1 + R_2) C_1 s}{1 + R_2 C_1 s} \cdot \frac{1}{s} \right]\right|$$

$$= \frac{R_3}{R_1} \cdot \frac{R_4}{R_3 + R_4} \cdot \frac{R_1 + R_2}{R_2} \quad [\text{V}] \tag{2}$$

である．つまり，**解図 3.10** の吹出し内に示すとおりである．

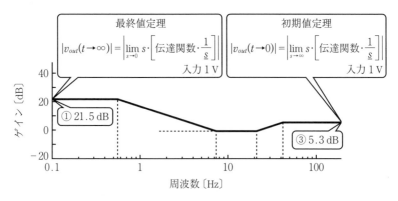

解図 3.10 $s \to 0$, $s \to \infty$ の極限をとる意味

演習問題

【3.10】ウィーンブリッジ型のノッチフィルタ

問図3.8はウィーンブリッジ（Wein bridge）型のノッチフィルタである。伝達関数 v_{out}/v_{in} を求めよ。

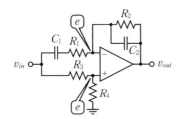

問図3.8 ウィーンブリッジ型のノッチフィルタ

[解答] 問図3.8を参照して，オペアンプの反転・非反転端子（－と＋）の電位を e とおく。このとき，回路方程式は

$$e = \frac{R_4}{R_3 + R_4} v_{in} \tag{1}$$

$$\frac{v_{in} - e}{R_1 + \frac{1}{C_1 s}} = \frac{e - v_{out}}{\frac{R_2}{1 + R_2 C_2 s}} \tag{2}$$

である。式(1)，(2)を連立させて e を消去すると，v_{out}/v_{in} は式(3)となる。

$$\frac{v_{out}}{v_{in}} = \frac{R_4}{R_3 + R_4} \cdot \frac{R_1 R_2 C_1 C_2 s^2 + \left(\frac{R_1 R_4 - R_2 R_3}{R_4} C_1 + R_2 C_2\right) s + 1}{(R_1 C_1 s + 1)(R_2 C_2 s + 1)} \tag{3}$$

ここで，$R_1 = R_2 = R$，$C_1 = C_2 = C$ と選んだとき，式(3)は式(4)となる。

$$\frac{v_{out}}{v_{in}} = \frac{R_4}{R_3 + R_4} \cdot \frac{(RC)^2 s^2 + \left(\frac{2R_4 - R_3}{R_4}\right) RCs + 1}{(RCs + 1)^2} \tag{4}$$

さらに，式(4)の分子多項式の s^1 項を零とするために $2R_4 = R_3$ と選ぶ。すると，ウィーンブリッジ型のノッチフィルタの v_{out}/v_{in} は式(5)である。

$$\frac{v_{out}}{v_{in}} = \frac{1}{3} \cdot \frac{(RC)^2 s^2 + 1}{(RCs + 1)^2} \tag{5}$$

解図3.11に $R_1 = R_2 = R = 100 \text{ k}\Omega$，$C_1 = C_2 = C = 0.015 \text{ μF}$，そして $2R_4 = R_3 = 300 \text{ k}\Omega$ と選んだときのボード線図の実測結果を示す。低周波数および高周波数領域のゲインは，式(5)より，それぞれ次式である。

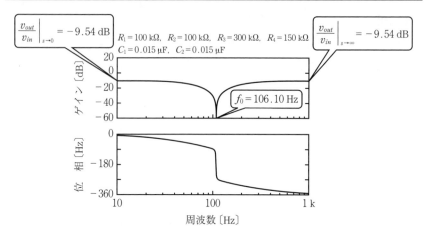

解図 3.11 実測したウィーンブリッジ型のノッチフィルタのボード線図

$$\frac{v_{out}}{v_{in}} = \frac{1}{3} \cdot \frac{(RC)^2 s^2 + 1}{(RCs+1)^2} \bigg|_{s \to 0} = \frac{1}{3} = -9.54 \text{ dB}$$

$$\frac{v_{out}}{v_{in}} = \frac{1}{3} \cdot \frac{(RC)^2 + \frac{1}{s^2}}{\left(RC + \frac{1}{s}\right)^2} \bigg|_{s \to \infty} = \frac{1}{3} = -9.54 \text{ dB}$$

さらに, ノッチ中心周波数 $f_0 = 1/(2\pi RC) = 106.10$ Hz であり, 解図 3.11 の実測結果は計算値のとおりである.

【3.11】 Twin-T 型のノッチフィルタ

問図 3.9 は Twin-T 型のノッチフィルタである. 伝達関数 v_{out}/v_{in} を求めよ.

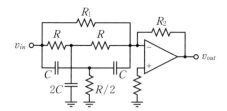

問図 3.9 Twin-T 型のノッチフィルタ

[解 答] 回路方程式を立式するために, **解図 3.12** のような補助図面を用意する. ここでは, 信号が伝達する経路上の電圧を e_1, e_2 と定義して, 電流の流れが矢印 (→) で示されている. 同図に沿って回路方程式は式 (1) 〜 (3) である.

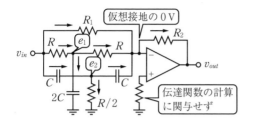

解図 3.12 回路方程式を立式するための補助図面

$$\frac{v_{in}}{R_1} + \frac{e_1}{R} + Cs \cdot e_2 = -\frac{v_{out}}{R_2} \tag{1}$$

$$\frac{v_{in} - e_1}{R} = 2Cs \cdot e_1 + \frac{e_1}{R} \tag{2}$$

$$Cs \cdot (v_{in} - e_2) = \frac{e_2}{(R/2)} + Cs \cdot e_2 \tag{3}$$

式 (1) ～ (3) を連立させて，e_1 と e_2 を消去すると，v_{out}/v_{in} は式 (4) である．

$$\frac{v_{out}}{v_{in}} = -\frac{R_2}{2RR_1/(2R+R_1)} \cdot \frac{\dfrac{R^2 R_1 C^2}{2R+R_1}s^2 + \dfrac{2R^2 C}{2R+R_1}s + 1}{RCs+1} \tag{4}$$

ここで，$2R \ll R_1$ と選んだとき，式 (4) は式 (5) のように近似される．

$$\frac{v_{out}}{v_{in}} \approx -\frac{R_2}{2R} \cdot \frac{R^2 C^2 s^2 + \dfrac{2R^2 C}{R_1}s + 1}{RCs+1} \tag{5}$$

解図 3.13 は，同図上側に記載した素子値を使ったときの実測のボード線図である．式 (5) のとおりであることを確認してみよう．

まず，低周波領域のゲインは，式 (5) において $s \to 0$ の計算から求められる．つまり

$$\left|\frac{v_{out}}{v_{in}}\right|_{s \to 0} \approx \left|-\frac{R_2}{2R}\right| = \frac{300}{200} = 1.5 = 3.52 \text{ dB} \tag{6}$$

である．このときの位相は，負符号に注意して ± 180 deg（解図 3.13 では $+180$ deg の表示）となり，いずれの数値も解図 3.13 の実測のとおりである．

次に，ノッチ中心周波数 f_0 は，式 (5) の分子多項式で s^2 の係数から

$$f_0 = \frac{1}{2\pi RC} = 159.15 \text{ Hz} \tag{7}$$

であり，これも実測と同じである．

最後に，高周波数領域のゲインは，式 (5) において $s \to \infty$ を適用して式 (8) である．

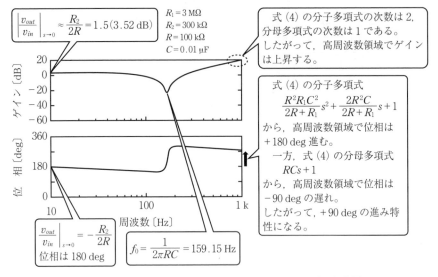

解図 3.13 実測した Twin-T 型のノッチフィルタのボード線図

$$\left|\frac{v_{out}}{v_{in}}\right|_{s\to\infty} \approx \left|-\frac{R_2}{2R}\cdot\frac{R^2C^2s^2+\dfrac{2R^2C}{R_1}s+1}{RCs+1}\right|_{s\to\infty} = \infty \tag{8}$$

実測は 1 kHz までであるため，式 (8) の結果である∞を実質的に検証できていないが，1 kHz 以降もゲインが上昇する傾向は明瞭に読み取れる。そして，式 (4) 右辺 (式 (5) 右辺も同様) の 2 次の分子多項式から，高周波数領域では位相進み+180 deg，そして 1 次の分母多項式から位相遅れ−90 deg となる。両者を合わせて，位相進み+90 deg となる。したがって，式 (4) あるいは式 (5) 右辺のマイナス符号による位相+180 deg を基準にして，解図 3.13 下段右側のように，高周波数領域では位相進み+90 deg となっている。

ここで，式 (4) の記載に代えて式 (9) の記載でももちろん正解である。

$$\frac{v_{out}}{v_{in}} = -\frac{R_2(2R+R_1)}{2RR_1}\cdot\frac{\dfrac{R^2R_1C^2}{2R+R_1}s^2+\dfrac{2R^2C}{2R+R_1}s+1}{RCs+1} \tag{9}$$

ところが，式 (4) では直流項 ($s\to 0$) をあえて

$$-\frac{R_2}{\dfrac{2RR_1}{2R+R_1}}$$

と記載している。この理由を，**解図 3.14** を用いて説明しよう。

演 習 問 題

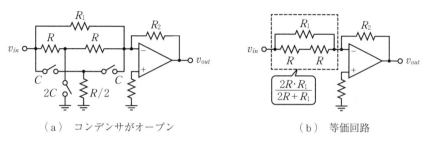

(a) コンデンサがオープン　　　　　(b) 等価回路

解図 3.14　問図 3.9, 解図 3.12 の $s \to 0$ の等価回路

まず，同図（a）は，低周波数領域の等価回路である。つまり，$s \to 0$ の周波数領域で，コンデンサはオープンになっている。したがって，解図 3.14（a）は図（b）のように書き直せる。ここで，破線で囲む抵抗値は $2RR_1/(2R+R_1)$ であり，したがって，伝達関数は，$-[帰還抵抗]/[入力抵抗]$ となるので，v_{out}/v_{in} は式 (10) のように記載できる。

$$\frac{v_{out}}{v_{in}} = -\frac{R_2}{\left(\dfrac{2RR_1}{2R+R_1}\right)} \tag{10}$$

つまり，式 (4) 右辺の直流項の記載は，式 (10) の形を保存している。

【3.12】　Bainter のノッチフィルタ

問図 3.10 に示す Bainter のノッチフィルタの伝達関数 v_{out}/v_{in} を求めよ。

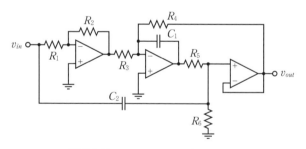

問図 3.10　Bainter のノッチフィルタ

解答　回路方程式を立式するために，**解図 3.15** の補助図面を用意する。ここには，信号が伝達する経路上の電圧を v_a，v_b と定義して，電流の流れを矢印（→）で示す。同図から，回路方程式は式 (1) 〜 (3) である。

$$\frac{v_{in}-0}{R_1} = \frac{0-v_a}{R_2} \tag{1}$$

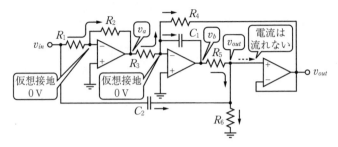

解図 3.15 回路方程式を立式するための補助図面

$$\frac{v_a - 0}{R_3} = \frac{0 - v_b}{1/C_1 s} + \frac{0 - v_{out}}{R_4} \tag{2}$$

$$\frac{v_b - v_{out}}{R_5} + \frac{v_{in} - v_{out}}{1/C_2 s} = \frac{v_{out}}{R_6} \tag{3}$$

式 (1) ～ (3) を連立させて v_a と v_b を消去することにより，v_{out}/v_{in} は式 (4) となる．

$$\frac{v_{out}}{v_{in}} = \frac{s^2 + \dfrac{R_2}{R_1 R_3 R_5 C_1 C_2}}{s^2 + \dfrac{R_5 + R_6}{R_5 R_6 C_2} s + \dfrac{1}{R_4 R_5 C_1 C_2}} \tag{4}$$

式 (4) において，見通しをよくするために，式 (5) ～ (7) の置換えを行う．

$$\omega_z = \frac{1}{\sqrt{\dfrac{R_1 R_3 R_5 C_1 C_2}{R_2}}} \tag{5}$$

$$\omega_0 = \frac{1}{\sqrt{R_4 R_5 C_1 C_2}} \tag{6}$$

$$Q = \frac{R_5 R_6}{R_5 + R_6} \cdot \sqrt{\frac{C_2}{R_4 R_5 C_1}} \tag{7}$$

式 (5) ～ (7) を式 (4) に代入すると，式 (8) となる．

$$\frac{v_{out}}{v_{in}} = \frac{s^2 + \omega_z^2}{s^2 + \dfrac{\omega_0}{Q} s + \omega_0^2} \tag{8}$$

ここで，ω_z と ω_0 の大小関係によって，ノッチフィルタは以下 (a) ～ (c) の三つに分類される．

- (a) $\omega_z < \omega_0$ のとき，ハイパスノッチフィルタ
- (b) $\omega_z = \omega_0$ のとき，一般に使用されるノッチフィルタ
- (c) $\omega_z > \omega_0$ のとき，ローパスノッチフィルタ

なお,上記 (b) の $\omega_z = \omega_0$ を実現する場合,式 (5),(6) より式 (9) の条件が必要となる.

$$R_1 R_3 = R_2 R_4 \tag{9}$$

パラメータの設定方法の一例は以下のとおりである.

〔調整手順 A〕 ω_z, ω_0, そして Q を独立に設定する場合

(1) R_4 で ω_0 を合わせ込む.

(2) R_4 を固定したまま,R_6 を使って Q を調整する.この調整によって,ω_0 と ω_z の設定は不変である.

(3) 最後に,R_1 を使って ω_z の合せ込みを行う.R_1 の設定は,すでに調整済みの ω_0 と Q の値を変えない.

〔調整手順 B〕 $\omega_z = \omega_0$ の場合

(1) R_5 で $\omega_z = \omega_0$ の設定を行う.

(2) 上記 (1) の R_5 の調整で Q も変化するが,R_6 によって Q を所望の値に調整する.

ここで,〔調整手順 B〕を用いたときの実測のボード線図を**解図 3.16** に示す.

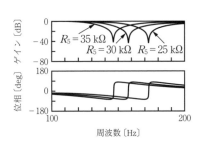
(a) ノッチ中心周波数 f ($=\omega_0/2\pi = \omega_z/2\pi$) の調整($R_6$ 固定,R_5 可変)

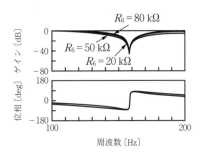
(b) Q の調整(R_5 固定,R_6 可変)

解図 3.16 実測した Bainter のノッチフィルタのボード線図

【3.13】 ハイパスノッチフィルタの実現

演習問題【3.12】で,$\omega_z < \omega_0$ のときハイパスノッチフィルタとなる.ボード線図のゲイン曲線の概略形状を示せ.

解答 演習問題【3.12】の式 (8) を再掲したのが式 (1) である.

$$\frac{v_{out}}{v_{in}} = \frac{s^2 + \omega_z^2}{s^2 + \dfrac{\omega_0}{Q} s + \omega_0^2} \tag{1}$$

ゲイン曲線の概略形状を描くために，式 (1) を式 (2) のように分解する。

$$\frac{v_{out}}{v_{in}} = \underbrace{\underbrace{\boxed{\frac{\omega_0^2}{s^2+\frac{\omega_0}{Q}s+\omega_0^2}}}_{\text{①}} \cdot \underbrace{\boxed{\frac{s^2+\omega_z^2}{\omega_z^2}}}_{\text{②}}}_{\text{③}} \cdot \underbrace{\boxed{\frac{\omega_z^2}{\omega_0^2}}}_{\text{④}} \quad (2)$$

まず，式 (2) において，①は 2 次遅れ系である。したがって，**解図 3.17** 上側の破線で示すように，低周波数領域では 0 dB の平坦特性であり，次いで共振ピークが生じ，それ以降の高周波数領域では $-40\,\text{dB/dec}$ の傾斜でロールオフする。

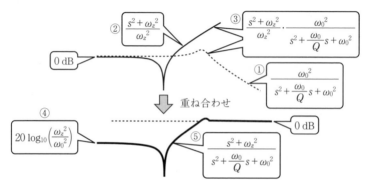

解図 3.17　$\omega_z < \omega_0$ のときのハイパスノッチフィルタのゲイン曲線

次に，②は s^1 項が零という条件での 2 次遅れ系の逆システムである。すなわち，このゲイン曲線は，解図 3.17 上側の実線で示すように，①のゲイン曲線を上下逆にしたものとなる。ただし，②の s^1 項は零であるため，先鋭的なノッチ（理論的には，$-\infty$ dB）となり，ノッチ角周波数 ω_z は①の共振角周波数 ω_0 よりも低い。

そして，式 (2) の③は，①と②の掛け算であるので，ゲイン曲線上では足し算に相当する（解図 3.17 上側の③）。注意すべきことは，①と②の掛け算は

$$\frac{\omega_0^2}{\omega_z^2} \cdot \frac{s^2+\omega_z^2}{s^2+\frac{\omega_0}{Q}s+\omega_0^2}$$

となるため，求めたいゲイン曲線の式 (1) とは異なることである。しかし，上式に ω_z^2/ω_0^2 を乗算したとき，式 (1) と一致する。掛け算とは，ゲイン曲線上では足し算に相当するので，④のように $20\log_{10}(\omega_z^2/\omega_0^2)$ を加える。

【3.14】 バタワースフィルタ（2 次 LPF）の一般形

柳沢ほか著の「アクティブフィルタの設計（産報，1973 年）」には，2 次低

域通過回路として**問図 3.11**(a)が示されている。この伝達関数 v_{out}/v_{in} を求めよ。さらに，ゲイン (+K) を具体的に実現する回路構造を示せ。

(a) バッファ K の表示　　　　(b) 図 3.8.4(a) は $K=1$ に相当

問図 3.11 バタワースフィルタ

解答 問図 3.11(a) の K は，ゲイン K のバッファアンプであることを示す。回路解析の補助図面である図 3.8.4(b) を使った計算と同様にして，伝達関数 v_{out}/v_{in} は式 (1) となる。

$$\frac{v_{out}}{v_{in}} = \frac{K \cdot \dfrac{1}{R_1 R_2 C_1 C_2}}{s^2 + \left\{\dfrac{1}{(R_1 /\!/ R_2)C_1} + (1-K)\dfrac{1}{R_2 C_2}\right\}s + \dfrac{1}{R_1 R_2 C_1 C_2}} \tag{1}$$

ここで，問図 3.11(b)(図 3.8.4(a) と同様)の場合，式 (1) に $K=1$ を代入すればよいので，v_{out}/v_{in} は式 (3.8.6) と同一になり，再掲すると式 (2) となる。

$$\frac{v_{out}}{v_{in}} = \frac{\dfrac{1}{R_1 R_2 C_1 C_2}}{s^2 + \dfrac{1}{(R_1 /\!/ R_2)C_1}s + \dfrac{1}{R_1 R_2 C_1 C_2}} \tag{2}$$

$K=1$ 以外の値を設定する場合，**解図 3.18** のように非反転アンプを挿入して $K=1+(R_4/R_3)$ とする。

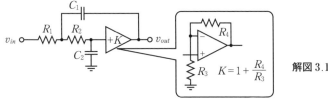

解図 3.18 K を実現する非反転アンプ

【3.15】 バイアス補償抵抗

問図 3.12 の R_c は**バイアス補償抵抗**とよばれる。同抵抗は，オペアンプの入

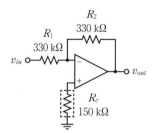

問図 3.12 反転アンプに対するバイアス補償抵抗の挿入

力バイアス電流に起因するオフセットを打ち消す働きがある。$R_c = R_1 /\!/ R_2$ と選ぶ理由を説明せよ。

【解答】 解図 3.19（a）に示すオペアンプでは，無信号 $v_{in}=0$ の状態でもつねに入力バイアス電流 I_{B1}, I_{B2} が入力端子に供給されている。同図（b）は，I_{B1}, I_{B2} を組み入れた回路図であり，回路方程式は式（1）となる。

$$\left. \begin{array}{l} e = -R_c I_{B1} \\ \dfrac{0-e}{R_1} + \dfrac{V_o - e}{R_2} = I_{B2} \end{array} \right\} \quad (1)$$

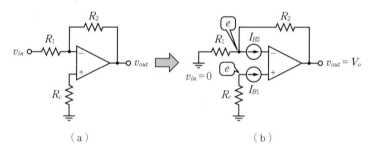

(a)　　　　　　　　　　(b)

解図 3.19 入力バイアス電流の影響

式（1）から e を消去して，I_{B1}, I_{B2} に起因するオフセット電圧 V_o は式（2）となる。

$$V_o = -R_c\left(1 + \frac{R_2}{R_1}\right)I_{B1} + R_2 I_{B2} \quad (2)$$

さらに，入力バイアス電流の差 $\Delta I_B = I_{B1} - I_{B2}$ をオペアンプの固有の値としたとき，式（2）は式（3）となる。

$$V_o = \left\{-R_c\left(1 + \frac{R_2}{R_1}\right) + R_2\right\}I_{B1} - R_2 \Delta I_B \quad (3)$$

式（3）右辺第 1 項を参照して，I_{B1} によらずオフセット電圧 V_o を最小化するためには，R_c を式（4）のように選べばよい。

$$R_c = \frac{R_1 R_2}{R_1 + R_2} \tag{4}$$

ここで，ある製品に適用されている回路を**解図 3.20** に示す。同図（a）をバイアス補償抵抗 $R_c = R_1 /\!/ R_2$ の選定規範にしたがわせる場合，可変抵抗器の値が零のとき，$R_c = 5\,\mathrm{k\Omega}$，最大値の調整のとき $9.2\,\mathrm{k\Omega}$ となるが，実装の抵抗は $R_c = 10\,\mathrm{k\Omega}$ である。次に，解図 3.20（b）は擬似積分補償器であり，$R_c = 100\,\mathrm{k\Omega}$ が実装されている。図中の R_1，R_2 に基づいて $R_c = R_1 /\!/ R_2$ を計算すると $337\,\mathrm{k\Omega}$ である。

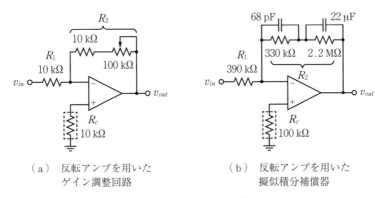

（a）反転アンプを用いたゲイン調整回路

（b）反転アンプを用いた擬似積分補償器

解図 3.20 バイアス補償抵抗 $R_c \neq R_1 /\!/ R_2$ の製品適用例

このように，式 (4) に基づいて R_c は実装されていない。値が完全に等しくなくても，オフセット抑制の効果は得られるからである。あるいは，実験的に定めたとも考えられる。

4 特殊回路

　サーボ系では，偏差信号が補償器に導かれ，この出力を使って制御対象が駆動される．ほとんどの場合，補償器のパラメータは固定で運用される．ところが，制御対象の特殊動作などに応じて，補償器のパラメータを切り替えたいときがある．また，サーボ系の動作を瞬時に遮断，あるいは接続して，下図に示すサーボ系以外の機器と連携をとることがある．さらに，アクチュエータの過大な出力を緩和するために，すなわち安全サイドに制御対象を駆動するために，リミッタが挿入される．本章では，上述の機能を実現する回路構造を学ぶ．

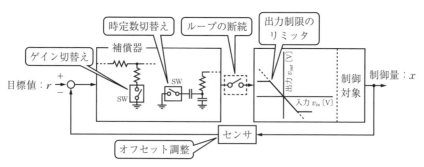

図　パラメータ切替え，断続などの機能を有するサーボ系のブロック線図

4.1　ゲイン調整・切替え

　サーボ系に課された仕様を満たすため，閉ループの状態でパラメータ調整が施される．あるいは，ばらつきを持つ場合，ゲインを変更して所望の特性になるようにする．さらに，定常状態からゲインを切り替えたい場合もある．この

ようなとき，〔1〕機械スイッチ，〔2〕可変抵抗，そして〔3〕アナログスイッチが使用される．以下に，これらの回路例を示す．

〔1〕 機械スイッチの使用

図4.1.1は，反転アンプにおけるゲイン切替えの方法である．帰還パスの箇所に，抵抗R_{2a}，R_{2b}，R_{2c}を基板上にあらかじめ用意しておく．これを使った制御系の動作を通して，適切な抵抗値を機械式のスイッチSWで選択する．ただし，制御系の動作中に，SWの操作をしてはならない．例えば，R_{2b}からR_{2a}へと選択し直す場合，スイッチを入れたときに，帰還パスに抵抗が接続されない瞬間がある．そうすると，この間はコンパレータとなるので，出力v_{out}には飽和出力が生じる．

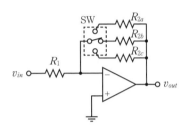

図4.1.1 機械スイッチを用いたゲイン切替え

〔2〕 可変抵抗器の使用

サーボ系の動作中に，ゲインを連続的に変えて反応をみる場合がある．反転アンプを用いた**図**4.1.2（a），（b）では，R_1あるいはR_2の箇所にそれぞれ可変抵抗R_vを挿入している．ここで，同図（a）の場合，R_1+R_vを小さくしたときゲインは増大する．一方，同図（b）の場合，R_2+R_vを大きくしたときゲインは増大する．いずれも，可変抵抗器の調整ねじを時計方向に回転したときゲインが増大するように，可変抵抗の1，2，3番端子を接続する必要がある．なぜならば，時計方向の回転に対してゲインが小さくなる接続にすると，作業者の感覚とずれが生じて調整がうまくいかないからである．

そして，図4.1.2（c）は，サーボ信号v_sを抵抗で分圧して入力v_{in}とする調整法である．調整率をαとおいて

$$v_{in} = \frac{\alpha R_v}{R + R_v} \cdot v_s \tag{4.1.1}$$

である．この場合も，可変抵抗器R_vの調整ねじを時計回りに回転したとき，すなわちαを増加させたときゲインが上昇する．

118 4. 特　殊　回　路

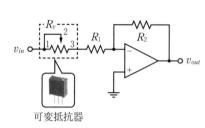
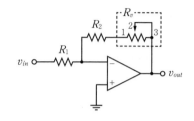

（a）入力抵抗に可変抵抗器を用いた場合

（b）帰還パスに可変抵抗器を用いた場合

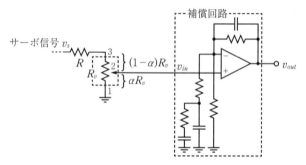

（c）入力電圧 v_{in} の調整に可変抵抗器を用いた場合

図 4.1.2　可変抵抗器を用いたゲイン調整回路

〔3〕アナログスイッチの使用

図 4.1.2（a）と図（b）の両者では，ゲインは調整できるものの，サーボ系がまさに動作している最中に行うことはできない。しかし，サーボ系の動作中にゲインを瞬時に切り替えたい用途もある。**図 4.1.3** はそのための回路例である。SW と明記の箇所はアナログスイッチの，例えば LF13333 である。

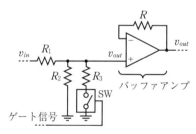

図 4.1.3　アナログスイッチを用いたゲイン切替え（その1）

ここで，スイッチ SW がオンのとき式 (4.1.2) である。

$$\left.\frac{v_{out}}{v_{in}}\right|_{\mathrm{SW=ON}} = \frac{\frac{R_2 R_3}{R_2 + R_3}}{R_1 + \frac{R_2 R_3}{R_2 + R_3}} = \frac{R_2 R_3}{R_1 R_2 + R_2 R_3 + R_3 R_1} = \frac{R_2}{R_1 + R_2} \cdot \frac{R_3}{R_3 + \frac{R_1 R_2}{R_1 + R_2}} \tag{4.1.2}$$

一方,SW オフのときは,上式で $R_3 \to \infty$ となるので

$$\left.\frac{v_{out}}{v_{in}}\right|_{\mathrm{SW=OFF}} = \frac{R_2}{R_1 + R_2} \tag{4.1.3}$$

となる.式 (4.1.2) 右辺において $R_3/(R_3 + R_1 /\!/ R_2) < 1$ であり,したがって式 (4.1.2) と式 (4.1.3) を比較して,ゲイン小は前者で,ゲイン大は後者に相当する.

図 4.1.4 は,アナログスイッチ SW1,SW2 を用いたゲイン切替えのほかの例である.ここで,SW2 がオンのとき,R_3 の値によらず帰還抵抗は 0 になる.つまり,$v_{out} = 0$ の零化スイッチとして機能する.一方,SW2 がオフの状態下で SW1 がオフおよびオンのとき,伝達関数 v_{out}/v_{in} はそれぞれ式 (4.1.4),(4.1.5) である.つまり,SW1 がオンのときゲインは増加する.

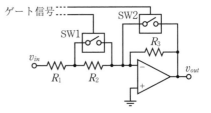

図 4.1.4 アナログスイッチを用いたゲイン切替え(その 2)

$$\left.\frac{v_{out}}{v_{in}}\right|_{\mathrm{SW1=OFF}} = -\frac{R_3}{R_1 + R_2} \tag{4.1.4}$$

$$\left.\frac{v_{out}}{v_{in}}\right|_{\mathrm{SW1=ON}} = -\frac{R_3}{R_1} \tag{4.1.5}$$

4.2 時定数の切替え

すでに,図 3.5.17(a)には非反転アンプを用いた位相進み補償器を示した.素子の接続替えをした等価な回路図を再掲すると**図 4.2.1** となる.ただし,コ

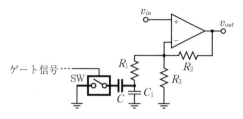

図 4.2.1 位相進み補償器の時定数の切替え

ンデンサ C_1 の箇所には，アナログスイッチ SW を介して，別のコンデンサ C を接続している。SW がオフからオンのとき，$C_1 \rightarrow C_1 + C$ である。つまり，図 4.2.1 の伝達関数 v_{out}/v_{in} は式 (4.2.1) であり，ゲイン $(R_2+R_3)/R_3$ を変えずに，時定数だけを変更できる。

$$\frac{v_{out}}{v_{in}} = \frac{R_2+R_3}{R_3} \cdot \frac{\left(R_1 + \frac{R_2 R_3}{R_2+R_3}\right)(C_1+C)s+1}{R_1(C_1+C)s+1} \tag{4.2.1}$$

ここで，$R_1=2.7\,\text{k}\Omega$, $R_2=68\,\text{k}\Omega$, $R_3=22\,\text{k}\Omega$, $C_1=0.0047\,\mu\text{F}$, $C=0.018\,\mu\text{F}$ の場合，ボード (Bode) 線図のゲイン曲線を折線近似で描くと**図 4.2.2** のとおりである。同図において，ゲインが右肩上がりの周波数帯域で位相は進む。したがって，SW オンからオフにすることによって，位相進みの周波数帯域を高域へシフトさせている。

図 4.2.1 の位相進み補償器は，制御対象の動特性の変化，あるいは印加される外乱に応じて，サーボ系の特性を変化させたいときに使用される。

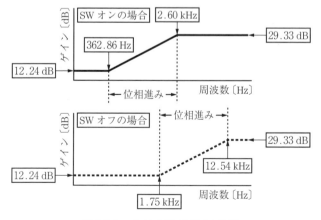

図 4.2.2 式 (4.2.1) のゲイン曲線

4.3 オフセット調整

図4.3.1の波形は，あるサーボ系の動作中の偏差信号であり，0V（GND）に収束していることが望まれる。ここに注目して詳細に観察すると，同図上段のエラー信号Aは，マイナス側に少しだけシフトしている。一方，下段のエラー信号Bはほぼ正弦波状であり，このサーボ系にとっては収束状態にあるが，いくぶん上側にシフトしている。このような0Vからのシフトを**オフセット**（offset）と称する。サーボ系の動作を正常にするには，このシフトを0にする修正が必要となり，例えば**図4.3.2**の回路が使用される。

ここで，図4.3.2（a）の出力 v_{out} は

$$v_{out} = \frac{R_2}{R_1} \cdot \frac{1}{1+R_2 Cs}\bigl(-v_{in1}-v_{in2}+v_{in3}+v_{in4}\bigr) \tag{4.3.1}$$

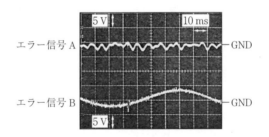

図4.3.1 信号に残存するオフセット

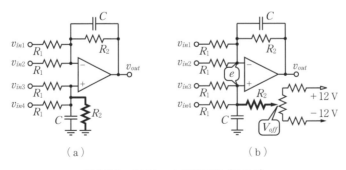

図4.3.2 オフセット調整回路（その1）

と表せる。つまり、入力 v_{in1}, v_{in2}, v_{in3}, v_{in4} に対する加減算を行わせている。ところが、v_{out} にオフセットが発生したとき、これを0Vに修正する必要がある。このときに用いるオフセット調整回路が図4.3.2（b）である。

この場合、式(4.3.1)右辺に直流電圧の調整項が付加された形になるはずである。回路方程式は

$$\left.\begin{array}{l}\dfrac{v_{in1}-e}{R_1}+\dfrac{v_{in2}-e}{R_1}=\dfrac{e-v_{out}}{\dfrac{R_2}{1+R_2Cs}}\\[2ex]\dfrac{v_{in3}-e}{R_1}+\dfrac{v_{in4}-e}{R_1}=Cs(e-0)+\dfrac{(e-V_{off})}{R_2}\end{array}\right\} \quad (4.3.2)$$

である。式(4.3.2)から e を消去すると式(4.3.3)となる。

$$v_{out}=\frac{R_2}{R_1}\cdot\frac{1}{1+R_2Cs}\cdot\left(-v_{in1}-v_{in2}+v_{in3}+v_{in4}\right)+\frac{1}{1+R_2Cs}\cdot V_{off} \quad (4.3.3)$$

式(4.3.3)右辺の最終項がオフセット電圧の調整効果である。ここでは、V_{off} に伝達関数 $1/(1+R_2Cs)$ が掛け算されており、過渡現象がある記載になっている。しかし、図4.3.2（b）の回路で、可変抵抗を調整した後の定常状態では一定値の V_{off} になる。したがって、v_{out} の直流オフセットをキャンセルする調整が行える。

なお、オフセット調整部だけを抜き出した図4.3.3に、具体的な素子値の一例を記載した。同図において、電流は矢印の向きにほとんど流れる。そのため、式(4.3.2)の第2式右辺第2項では、V_{off} が可変抵抗器および電源±12Vに接続されている抵抗の値に無関係な表記としている。

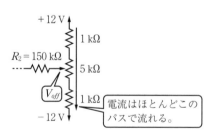

図4.3.3　オフセット調整回路の具体的な素子値（その1）

オフセット調整回路は図4.3.3の構造に限定されるものではない。まず、図4.3.4は、±5V電源の精度がよくなくても、微小な調整電圧を作り出

4.4 ゲイン零化のスイッチ

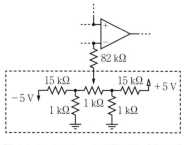

図4.3.4 オフセット調整回路（その2）

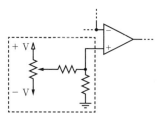

図4.3.5 オフセット調整回路（その3）

回路構造として知られている．そして，図4.3.5はオフセットバランスをとる電圧を非反転端子に印加する回路構造である．

4.4 ゲイン零化のスイッチ

図4.4.1は，サーボ系の断続が補償器後段に設けたスイッチで行われることを示す．タイミングを計って図4.4.1のサーボ系を投入，あるいは遮断したい場合に機能させる．

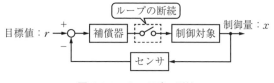

図4.4.1 サーボ系の断続

まず，ループの断続を行わせる回路の一例を図4.4.2に示す．同図には，Z_2と並列に電界効果トランジスタ（FET）が挿入されている．FETはゲート電圧による可変抵抗素子であり，スイッチとして機能させている．

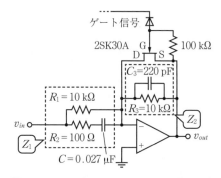

図4.4.2 FETを用いたゲイン零化（その1）
（※ JFETの定番であった2SK30Aは生産中止）

そこで，FET の抵抗を R_{FET} とおくと，伝達関数 v_{out}/v_{in} は式 (4.4.1) である。

$$\frac{v_{out}}{v_{in}} = -\frac{1}{Z_1}\frac{Z_2 R_{FET}}{Z_2 + R_{FET}} \tag{4.4.1}$$

したがって，FET がオンのときほぼ $R_{FET}=0$ となるので，v_{in} の入力にかかわらず $v_{out}=0$ となり信号は伝わらない。一方，FET がオフのとき $R_{FET}=\infty$ なので，$v_{out}/v_{in}=-(Z_2/Z_1)$ となる。ここで，オン抵抗 $R_{FET}=0$ あるいはオフ抵抗 $R_{FET}=\infty$ の状態は完全に実現されることはない。両者はいずれも有限の値となる。具体的に，図4.4.2 で使用の接合型ジャンクション FET（JFET）の場合，オン抵抗は $10 \sim 250\,\Omega$，オフ抵抗は数百 $M\Omega$ 程度である。つまり，実用的に，オン抵抗が 0，そしてオフ抵抗は ∞ とみなして差し支えないということである。

次に，**図 4.4.3** は信号 v_s の断続のために，JFET を直列に挿入している回路例である。コンパレータ出力（ゲート信号）が High のとき，JFET はオンになる。したがって，v_s は可変抵抗器で調整された後に，バッファアンプへ伝達していく。一方，スイッチ入力が Low から High に遷移したとき，ゲート信号は Low に，具体的にはマイナス電位となる。したがって，JFET のソース（S）-ドレーン（D）間は高抵抗のオフ状態になり，v_s の次段への伝達が遮断される。

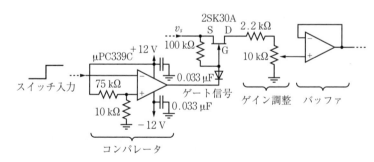

図 4.4.3 FET を用いたゲイン零化（その 2）

最後に，トランジスタをスイッチとして用いて，サーボ系の断続を行う回路例を **図 4.4.4** に示す。同図を参照して，左側から入力する偏差信号が補償回路 1 を通過し，次段の補償回路 2 へ導かれる。ここに抵抗網を備え，かつトラン

4.4 ゲイン零化のスイッチ

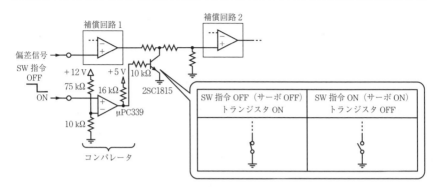

図 4.4.4 トランジスタを用いたサーボ系の断続
（※ 2SC1815 生産中止，代替品あり）

ジスタをシャントで接続している。

いま，SW 指令が OFF（High）のときコンパレータの出力は High となり，トランジスタを ON にする。吹出し内に示すように，補償回路 2 へ信号は伝達されないので，サーボ系は OFF 状態になる。反対に，SW 指令が ON（Low）のとき，コンパレータ出力は Low で，スイッチとしてのトランジスタは吹出し内に示すように OFF 状態なので，サーボ系は ON の状態になる。

図 4.4.5 には SW 指令の入力によるサーボ系の断続のようすを示す。SW 指令 OFF 時からこれを ON することによって，偏差信号は収束している。

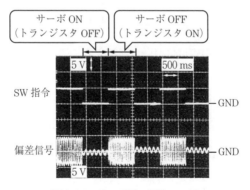

図 4.4.5 サーボ系の断続の一例

4.5 リミッタ

出力電圧あるいは電流を設定以下にする回路を**リミッタ**（limiter）とよぶ。**図4.5.1**では，リミッタ回路の次段に電磁石に電流を通電する電流アンプが接続されている。つまり，電磁石に流す電流を制限する役割を持つ。

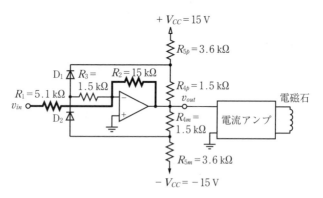

図4.5.1 リミッタ回路（対称形ソフトリミッタ）

まず，線形動作では，図4.5.1の太線で示す箇所が機能する。したがって，伝達関数 v_{out}/v_{in} は式 (4.5.1) である。

$$\text{線形範囲}: \frac{v_{out}}{v_{in}} = -\frac{R_2}{R_1} = -2.941 \ (9.37 \text{ dB}) \tag{4.5.1}$$

次に，線形範囲以外の領域について解析する。

① $v_{in}=0$ のとき

$v_{in}=0$ のとき $v_{out}=0$ であり，**図4.5.2**を参照して，V_a と V_b の電位は式 (4.5.2)，(4.5.3) のとおりである。ただし，$V_{CC}=15$ V である。

$$V_a = \frac{R_{4p}}{R_{4p}+R_{5p}} \cdot V_{CC} = \frac{1.5}{1.5+3.6} \cdot 15 = 4.41 \text{ V} \tag{4.5.2}$$

$$V_b = -\frac{R_{4m}}{R_{4m}+R_{5m}} \cdot V_{CC} = -4.41 \text{ V} \tag{4.5.3}$$

つまり，ダイオード D_1，D_2 はともに逆バイアスの状態である。

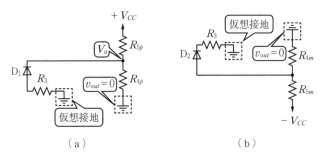

図 4.5.2　$v_{in}=0$ のときの等価回路

② $v_{in} \neq 0$ のとき

小振幅の v_{in} のとき式 (4.5.1) の関係が成り立つが，入力振幅を大きくしたとき，ダイオード D_1, D_2 の逆バイアス条件がくずれる．瞬間の $V_a=0$, $V_b=0$ のときの出力 v_{out} を V_{out1}, V_{out2} とおく．

まず，D_1 が導通する瞬間は式 (4.5.4) である．

$$\frac{V_{CC}-0}{R_{5p}}=\frac{0-V_{out1}}{R_{4p}}$$

$$V_{out1}=-\frac{R_{4p}}{R_{5p}}\cdot V_{CC}=-\frac{1.5}{3.6}\cdot 15=-6.25 \text{ V} \tag{4.5.4}$$

一方，対称形リミッタのため，D_2 が導通する瞬間の出力 V_{out2} は

$$V_{out2}=\frac{R_{4m}}{R_{5m}}\cdot V_{CC}=\frac{1.5}{3.6}\cdot 15=6.25 \text{ V} \tag{4.5.5}$$

である．ここで，出力が V_{out1}, V_{out2} のときの入力 v_{in} を V_{in1}, V_{in2} とおけば

$$V_{in1}=-\frac{R_1}{R_2}\cdot V_{out1}=-\frac{R_1}{R_2}\cdot \left(-\frac{R_{4p}}{R_{5p}}\cdot V_{CC}\right)=2.125 \text{ V} \tag{4.5.6}$$

$$V_{in2}=-\frac{R_1}{R_2}\cdot V_{out2}=-\frac{R_1}{R_2}\cdot \left(\frac{R_{4m}}{R_{5m}}\cdot V_{CC}\right)=-2.125 \text{ V} \tag{4.5.7}$$

となる．

③ $v_{in}>V_{in1}$, $v_{in}<V_{in2}$ の場合

$v_{in}>V_{in1}$, $v_{in}<V_{in2}$ の場合の等価回路は図 4.5.3 となる．したがって，D_1, D_2 の順方向抵抗を零とおいて，それぞれ式 (4.5.8)，(4.5.9) である．

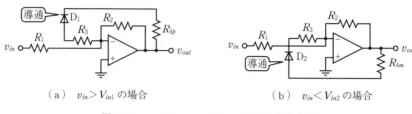

（a） $v_{in} > V_{in1}$ の場合　　　　（b） $v_{in} < V_{in2}$ の場合

図 4.5.3　$v_{in} > V_{in1}$, $v_{in} < V_{in2}$ の場合の等価回路

$$V_{out} = -\frac{(R_3 + R_{4p}) /\!/ R_2}{R_1} \cdot v_{in} = -0.490 \cdot v_{in} \qquad (v_{in} > V_{in1} = 2.125 \text{ V})$$
(4.5.8)

$$V_{out} = -\frac{(R_3 + R_{4m}) /\!/ R_2}{R_1} \cdot v_{in} = -0.490 \cdot v_{in} \qquad (v_{in} < V_{in2} = -2.125 \text{ V})$$
(4.5.9)

つまり，v_{in} が±2.125 V を超えると，**図 4.5.4** のように式 (4.5.1) の傾斜 −2.941 から式 (4.5.8) と式 (4.5.9) に示す傾斜 −0.490 へとゆるくなる。このようなリミッタを**ソフトリミッタ**（soft limiter）と称する。

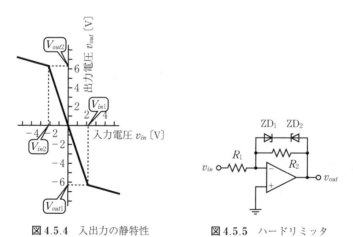

図 4.5.4　入出力の静特性　　　図 4.5.5　ハードリミッタ

一方，「ソフト」に対する対の言葉は「ハード」であり，**ハードリミッタ**（hard limiter）も存在する。回路の一例を**図 4.5.5** に示す。同図では，突き合わせたツェナーダイオード ZD_1 と ZD_2 を，帰還抵抗 R_2 と並列に挿入している。

ここで，入力 v_{in} が 0 から徐々に正方向に大きくなったとき，図 4.5.6 右側のように，ZD_1 は導通し，ZD_2 はツェナー電圧 V_{Z2} に拘束される．一方，入力 v_{in} が負方向に大きくなったとき，同図左側のように，ZD_2 は導通し，ZD_1 はツェナー電圧 V_{Z1} で拘束される．

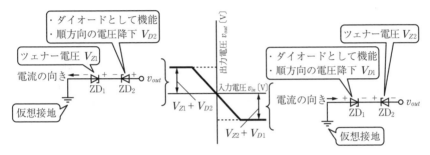

図 4.5.6　ハードリミッタの入出力特性

最後に，図 4.5.7 にオペアンプの入力保護のために用いられる電圧リミッタを示す．入力 v_{in} が，ダイオードの順方向電圧降下 V_f 以上のとき，ダイオードは導通する．したがって，v_{in} の電圧は V_f 以上にはならない．

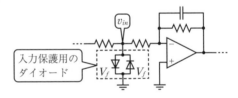

図 4.5.7　入力保護のためのダイオードによる電圧リミッタ

4.6　IV 変換器

図 4.6.1 はサーボ系のブロック線図である．一般的には，センサとして位置センサ，速度センサ，圧力センサ，あるいは加速度センサなどが用いられる．ここでは，センサが光検出である場合の回路構成を説明する．

光検出素子であるフォト

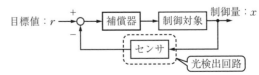

図 4.6.1　サーボ系におけるセンサが光検出回路の例

ダイオード（photo diode: PD）に流れる電流 i を，扱いやすいレベルの電圧に変換する回路のことを**電流電圧変換器**（IV 変換器，current to voltage converter）とよぶ。表 4.6.1 に 3 種類の IV 変換器と，これらの変換式を示す。図中のダイオード記号は，PD であり，逆バイアスの状態で使用される。

表 4.6.1 IV 変換器とその変換式

	(a)	(b)	(c)
IV変換器			
変換式	$v_{out} = -R \cdot i$	$v_{out} = -\dfrac{R}{RCs+1} \cdot i$	$v_{out} = -\left(R_1 + R_3 + \dfrac{R_1 R_3}{R_2}\right) \cdot \dfrac{\dfrac{R_1 R_2 R_3}{R_1 R_2 + R_2 R_3 + R_3 R_1} Cs + 1}{R_3 Cs + 1} \cdot i$

同図には，すでに，PD に電流 i が流れたときの出力 v_{out} の変換式を記載してある。あらためて，以下では，PD に流れる電流を i，帰還パスのインピーダンスを Z とおいて，出力 v_{out} が式 (4.6.1) になることを説明する。

$$v_{out} = -Z \cdot i \tag{4.6.1}$$

まず，**図 4.6.2**（a）のように，検出したい電流 i が流れているとする。オペアンプの入力インピーダンスは高いので，i は反転端子には流れ込まず，その

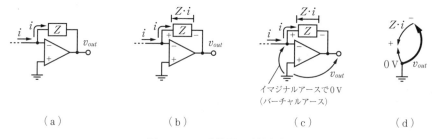

図 4.6.2 IV 変換器の計算方法

まま帰還パスのZに流れる。このときの電圧降下$Z \cdot i$は，同図（b）に示した＋と－の極性でZの両端に生じる。出力v_{out}の内訳は図（c）であり，これを書き直すと図（d）となる。つまり，v_{out}は，グランドを基準にして，オペアンプの反転端子の電圧（イマジナルアースで0V）と，Zでの電圧降下$Z \cdot i$の和となっている。グランドは電位の基準0Vであり，電圧降下$Z \cdot i$の極性に注意して，v_{out}は式(4.6.1)となる。

次に，表4.6.1の回路では，いずれもPDに逆バイアスをかけていることに注意したい。すなわち，図4.6.3（a）に示すとおりである。実際にこの回路を動作させる際には，一般的に電源＋V_{CC}に対してRCフィルタを挿入する。

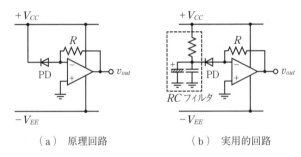

（a）原理回路　　　　　（b）実用的回路

図4.6.3　逆バイアスのための電源フィルタ

4.7　ウィンドコンパレータ

図4.7.1は一般的なサーボ系であり，この状態判定が行われているようすを示す。具体的に，サーボ系が安定に動作中，このなかから取り出した信号が規格内なのであるか否かをチェックしている。

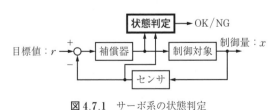

図4.7.1　サーボ系の状態判定

まず，**図 4.7.2** は，レーザダイオード（LD）の発光が定格内であることを判定する回路例である．同図では，発光レベルが定格内のとき，Low レベルのロジック出力を得る**ウィンドコンパレータ**（window comparator）となっている．

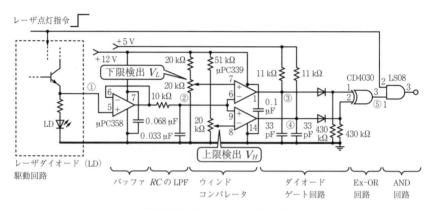

図 4.7.2 ウィンドコンパレータ

具体的には，レーザダイオードの点灯指令 High によって，レーザは発光して ① の箇所に電位を生じる．この電圧はバッファアンプと RC を用いた LPF を介してウィンドコンパレータへの入力電圧 ② になっている．**図 4.7.3** を参

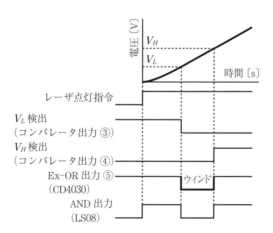

図 4.7.3 ウィンドコンパレータ（図 4.7.2）の動作

照して，電圧②が零のとき，すなわちLDが非発光のとき，下限検出V_Lの電圧は一つ目のコンパレータの非反転端子に印加されているので，その出力③はHighである。そして上限検出V_Hの電圧は二つ目のコンパレータの反転端子に設定されているので出力④はLowとなる。

点灯指令の入力以降，電圧①は徐々に増加するので，同様に電圧②も上昇する。電圧②がV_Lを超えた瞬間，コンパレータの出力③はHighからLowへ遷移する。このとき，電圧②の電位は二つ目のコンパレータの反転端子に設定したV_Hには未到達なので，出力④はLowのままである。ところが，電圧②がさらに上昇してV_Hを超えたとき，コンパレータの出力④はLowからHighへ遷移する。

つまり，図4.7.3の排他的論理和Ex-ORの出力⑤に示すように，下限検出V_Lと上限検出V_Hの範囲内，すなわちウィンド内でのLD発光であることを監視できる。

次に，**図4.7.4**にコイルに通電される電流の異常を判定する回路例を示す。過電流を流し続けると，機器の損傷あるいは発火を招く。そこで，順方向および逆方向の電流によるコイルの電圧降下がLPFを通して検出され，続いて過電流が流れたことをLowアクティブのNOR出力として検出する回路である。

動作検証の結果を**図4.7.5**に示す。コイル電圧Aがマイナス側に徐々にシ

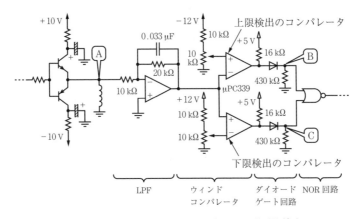

図4.7.4　ウィンドコンパレータを用いた過電流検出

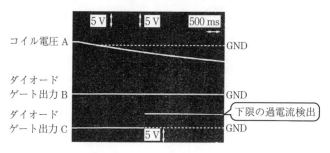

図 4.7.5 過電流検出の検証結果

フトしており，下限の過電流に達した時刻で，ダイオードゲートの出力 C が High となる．コイル電圧 A はマイナス方向にシフトしており，したがって，上限の過電流は検出されておらず，したがってダイオードゲートの出力 B は Low である．結局，B が Low，そして C が High なので，NOR 出力は Low となる．

4.8 基準電圧の設定とバイアス電流の通電

図 4.8.1 左側の吹出し内は，制御量 x を定位させるため，目標値 r に一定値の電圧を印加していることを示す．また，同図のドライバ前段に印加したバイアスとしての一定値の電圧は，ドライバによって駆動されるアクチュエータを平衡点周りで動作させるための機能を持つ．本節では，図 4.8.1 に示すような，一定値の電圧を作り出す回路例を示す．

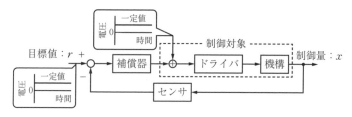

図 4.8.1 制御系に対する基準電圧の印加

〔1〕 基準電圧を生成する回路

図 4.8.2(a)にツェナーダイオードの定電圧特性を使って，基準電圧 V_{ref} を生成する回路例を示す。この等価回路は同図(b)である。ここで，V_z〔V〕は基準電圧となるツェナー電圧，R_z〔Ω〕は動抵抗であり，回路方程式を立てて V_{ref} を求めると式(4.8.1)となる。

$$V_{ref} = \frac{R_3 R_z \cdot V_C + R_1 R_3 \cdot V_z}{(R_1 + R_z)(R_2 + R_3) + R_1 R_z} \tag{4.8.1}$$

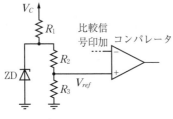 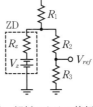

(a) 基準電圧の使用例　　(b) 解析のための等価回路

図 4.8.2 基準電圧の生成

V_{ref} は電源電圧 V_C の変動によらず一定にせねばならず，回路設計の指針を得るため，電源電圧 V_C の変化率に対する V_{ref} の変化率の比率 γ を導入すると

$$\gamma = \frac{dV_{ref}}{dV_C} \cdot \frac{V_C}{V_{ref}} = \frac{1}{1 + \frac{R_1}{R_z} \cdot \frac{V_z}{V_C}} \tag{4.8.2}$$

となる。したがって，式(4.8.2)最右辺の分母の第2項を大きくするように設計することになる。

設計にあたっては，V_{ref} を所望の値に設定したいので，適切な V_z を持つツェナーダイオードを選定した後に，V_z を R_2 と R_3 で分圧する式(4.8.3)が使われる。つまり，式(4.8.1)において，$R_z = 0$ とおいた場合に相当する。

$$V_{ref} = \frac{R_3}{R_2 + R_3} \cdot V_z \tag{4.8.3}$$

〔2〕 バイアス電流印加のための回路例

図 4.8.3(a)は，空圧機器の一つであるノズルフラッパサーボバルブであ

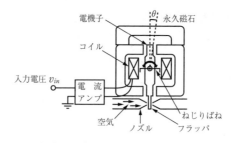

（a） ノズルフラッパサーボバルブ

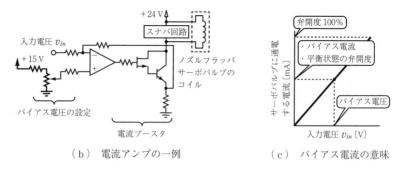

（b） 電流アンプの一例　　　　（c） バイアス電流の意味

図4.8.3　バイアス電流の印加

る．コイルに電流を通電したときの電磁力で電機子を傾かせ，ノズルの開度を変化させる．結果として，流量が調整される機器である．コイルに電流を通電するには同図(a)に示すように電流アンプを結線する．

　この電流アンプの一例が図4.8.3(b)である．図中の太線部は，バイアス電圧を設定することによって，コイルに定常的にバイアス電流を流す役割を持ち，それは図4.8.3(c)に示す平衡状態を設定している．

　同様に，**図4.8.4**は定常的にバイアス電流を通電するほかの回路例である．この場合，電磁石に定常電流を流している．周知のように，電磁石の吸引力は電流の2乗に比例する．すなわち非線形であり，サーボ系のなかでアクチュエータとして電磁石を使用するときには線形化しておきたい．そのために，電磁石の吸引力で平衡位置を保つ用途では，あらかじめ定常電流を流す．

　具体的に，図4.8.4の破線の四角では，電源$-V_{CC}$の電圧をオペアンプの反転端子に加算する入力抵抗が可変抵抗器を使って調整されている．したがっ

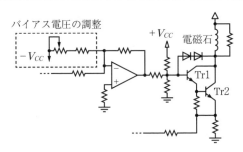

図 4.8.4　電磁石に対するバイアス電流印加

て，オペアンプ出力の正の電位が調整され，この出力はトランジスタ Tr1 のベース電位を調整する。ここで，バイアス電圧の調整によって，オペアンプの出力が High のとき，Tr1 のベース電位も上昇して**ダーリントン接続**（Darlington connection）のトランジスタ Tr2 のコレクタ電流が増大する。つまり，電磁石により大きい電流を流す。

4.9 その他の回路

本節では，入力電圧が正だけに限定されているアクチュエータをサーボ系のなかで使用するときに採用する全波整流回路，およびサーボ系の稼動によって取得される信号品質を評価するピーク検出/ボトム検出回路を紹介する。

〔1〕 全波整流回路

電磁アクチュエータの一つである DC モータの駆動に関して自明なことは，電流アンプに正の電圧を印加して時計方向（CW）に回転させたとき，負の電圧を印加すると反時計方向（CCW）に回転すること，つまり正逆運転ができることである。

ところが，正の電圧でしか回転しないアクチュエータとして，例えば超音波モータがある。もちろん，回転方向は変えられる。具体的には，CW もしくは CCW を指定するゲートを選択した後に，速度指令に正の電圧を印加する運転方法になる。

図4.9.1 はCWのゲートを選択し，速度指令電圧0から+3.2Vを印加したときの回転数の静特性と，CCWを選択し同様に正の電圧を印加したときの回転数の実測結果を重ね合わせたものである．CCWのデータに関して，速度指令電圧は−3.2〜0Vの範囲になっているが，実際にはマイナス電圧を印加していない．データを一つの図面で表すというまとめの観点からマイナス符号を付けている．つまり，マイナスの速度指令電圧を印加したことに相当するという意味を表す．

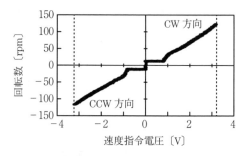

図4.9.1 超音波モータの回転数対速度指令電圧の静特性（超音波モータUSR60をドライバD6060で駆動）

ここで，図4.9.1は速度指令電圧の大きさを徐々に，すなわち緩慢に変化させたときの回転数のデータであるため，CWとCCWの切替えは手動でも間に合う．ところが，超音波モータを正負のサーボ信号に応じて正逆回転させて，目標位置に収束させたいサーボ系で使用の場合，この切替えを高速に行ったうえで，正の速度指令電圧を印加する必要がある．そこで，**図4.9.2** に示すように，市販のドライバD6060の前段に，正負のサーボ信号に相当する入力信号の極性を判定してCW・CCWのゲートを選択する回路と，**全波整流回路**（full wave rectifier）を備えさせた．なお，全波整流回路は，**絶対値回路**（absolute value circuit）とも呼称する．

図4.9.2で用いた全波整流回路と動作波形をそれぞれ**図4.9.3**（a），（b）に示す．入力 v_{in} は，まず半波整流回路に導かれる．同回路が反転アンプであり，かつダイオードの接続の極性から，v_{in} の正の半波だけが負の極性で半波整流

4.9 その他の回路

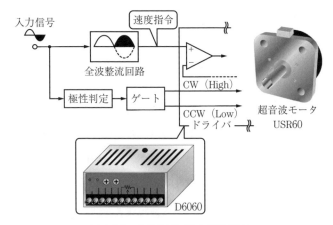

図 4.9.2　全波整流回路と極性判定

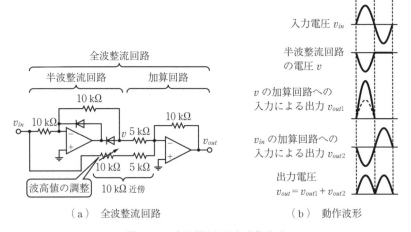

(a) 全波整流回路　　　　(b) 動作波形

図 4.9.3　全波整流回路と動作波形

回路の出力 v となる．続いて，v は次段のゲイン 2 倍（$10\,\mathrm{k\Omega}/5\,\mathrm{k\Omega}$）の反転アンプに導かれている．したがって，$v_{in}$ の正の電圧と同極性の半波であり，ただし入力信号の波高値の 2 倍の信号出力 v_{out1} となる．一方，半波整流回路を通過しない v_{in} は，最終段の加算回路に $5\,\mathrm{k\Omega}$ と可変抵抗 $10\,\mathrm{k\Omega}$ の直列の入力抵抗を介して印加されている．直列抵抗は $10\,\mathrm{k\Omega}$ 近傍であり，したがって，ゲイン 1 でかつ v_{in} に対して反転した出力 v_{out2} となる．最終的に，v_{out1} と v_{out2}

が加算されるので、図4.9.3(b)下段のv_{out}を得る。

〔2〕 ピーク検出/ボトム検出回路

サーボ系が正常に動作している、すなわち偏差零で目標値に追従させたという条件下で、高品質の信号を得る機器がある。一般には、サーボ系の追従性能を良化したとき、信号もより高品質になるという1対1の関係が成り立つ。しかし、サーボ系のなかの偏差信号で評価される追従性能が良化されても、例えばサーボ系のループゲインを高め過ぎたとき、信号の品質をかえって劣化させることがある。そのため、信号そのものの評価が必要になる。

図4.9.4は、サーボ系が正常動作したときに得られる信号を正弦波として図示している。同図(a)に示す正常の場合、破線で示す振幅値を有する。ところが、これより右側の波形は、破線のレベルにいずれも未到達である。つまり、サーボ動作が正常であったとしても、所望の信号は得られてはいない。したがって、正常・異常の判定にあたっては、図4.9.4に示す正弦波状信号の**ピーク検出**（peak detection）と**ボトム検出**（bottom detection）を行えばよい。すなわち、信号波形の包絡線を検出することになる。

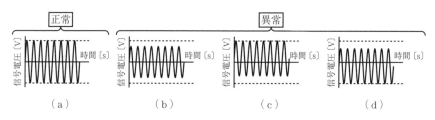

図4.9.4　信号波形のエンベロープで正常・異常判定

具体的に、信号波形に対するピークとボトムを検出する回路例を**図4.9.5**に示す。検出の基本は、破線の四角で囲む半波整流回路と電荷保持用のコンデンサから成る回路の部分である。低い出力インピーダンスのオペアンプで、電荷保持用のコンデンサを素早く入力と同じ電圧まで充電することによって、入力v_{in}のピークおよびボトムを検出している。最終的に、ピーク検出v_pとボトム検出v_bの各電位に対して、レベル判定を行うことによって入力v_{in}の品質を評

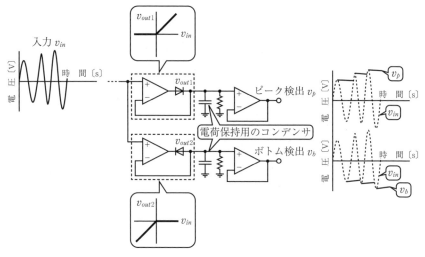

図4.9.5 ピーク検出／ボトム検出回路

価できる。

演 習 問 題

【4.1】 T型負帰還のアンプ

T型負帰還を有する表4.6.1（c）の電流・電圧変換式を導け。

解 答 回路方程式は式(1), (2)である。ただし, e は表4.6.1（c）に示す箇所の電位である。

$$i = \frac{0-e}{R_1} \tag{1}$$

$$\frac{0-e}{R_1} = \frac{e}{R_2} + \frac{e - v_{out}}{\dfrac{R_3}{R_3 Cs + 1}} \tag{2}$$

両式から e を消去して, 光電流 i の出力 v_{out} への変換式は式(3)となる。

$$v_{out} = -\left(R_1 + R_3 + \frac{R_1 R_3}{R_2}\right) \cdot \frac{\dfrac{R_1 R_2 R_3}{R_1 R_2 + R_2 R_3 + R_3 R_1} Cs + 1}{R_3 Cs + 1} \cdot i \tag{3}$$

ここで, 式(3)の時定数を無視（$C \to 0$）したうえで, $R_1 = 7.5\,\mathrm{k\Omega}$, $R_2 = 470\,\Omega$, $R_3 = 1\,\mathrm{k\Omega}$ のとき, i から v_{out} までの変換定数（抵抗）は

$$R_1 + R_3 + \frac{R_1 R_3}{R_2} = 24.45 \text{ k}\Omega \tag{4}$$

となる.そうすると,表4.6.1(a)の回路を採用し,$R=24$ kΩ(E24系列)とすれば,抵抗1本だけで電流・電圧変換ができる.しかし,表4.6.1(a)の回路構造を採用のとき,さらに高感度化を図るには高抵抗を付けるしかない.この方法に代えて,表4.6.1(c)を採用したとき,式(4)左辺からわかるように低い抵抗値の$R_{1\sim 3}$を使って高い抵抗値を実現できる.

なお,式(4)左辺を書き直すと式(5)となる.

$$R_1 + R_3 + \frac{R_1 R_3}{R_2} = R_1 + R_3 \left(1 + \frac{R_1}{R_2}\right) \tag{5}$$

式(5)より,R_2の挿入によってT型の回路構造をとるとき,R_3が$(1+R_1/R_2)$倍,すなわちブーストされたとみなせる.

【4.2】 バイアス抵抗を挿入する理由

図4.1.2(a),(b)には,可変抵抗器R_vを使ったゲイン調整回路を示した.同図(a),(b)において,それぞれR_1,R_2を排除したときには**問図4.1**(a),(b)となる.つまり,R_vだけでもゲイン調整は可能である.R_vと直列に抵抗を挿入する理由を考察せよ.

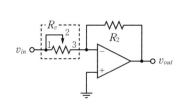   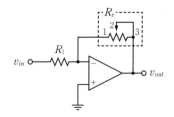

（a） 入力パスに可変抵抗器R_vを接続　　（b） 帰還パスに可変抵抗器R_vを接続

問図4.1 図4.1.2(a),(b)の構成に対して可変抵抗器R_vだけでゲイン調整する回路

〔解 答〕 問図4.1(a)を用いたとき,R_vの調整ねじを時計回りに不用意に最大まで回すことがある.このとき,$R_v=0$となるため,ゲイン$-R_2/R_v$の関係から出力v_{out}は無限大になる.実際に,v_{out}は飽和する.この回路単体の動作では問題とはならない.しかし,問図4.1(a)のv_{out}を使ったサーボ系でメカニカル機構を動かしている場合,この機構の損傷を招く危険性がある.

同様に,問図4.1(b)の場合で反時計回りいっぱいまで不用意に回転したとき,$R_v=0$となり,ゲイン$-R_v/R_1$の関係からv_{out}は零になる.つまり,問図4.1(b)が

使用されているサーボループを遮断させ、この行為によってメカニカル機構を損傷させることがある。したがって、図4.1.2のように、R_vと直列に抵抗を挿入している。

上記が問図4.1の回路を使ってゲイン調整を行わない最大の理由である。ほかに、調整感覚も挙げられる。R_vの調整ねじの角度と、ゲインの変化量が及ぼすサーボ系の特性変化が感覚的に一致していることが望ましい。例えば、調整ねじの微小な角度変化に対して、サーボ系の特性を大きく変化させるようでは、最適な調整は行えない。そのため、R_vの調整がサーボ系の特性に及ぼす影響を適切な範囲に絞りこむために、R_vと直列に抵抗を挿入する。

【4.3】 可変抵抗器の使い方

図4.1.2(b)は、帰還パスに可変抵抗器R_vを用いたゲイン調整回路であった。これに代えて、**問図4.2**の結線でもゲイン調整は可能である。具体的に、端子3を開放で使用しており、時計方向に調整ねじを回転したときゲイン増大が図れる。この結線の是非を考察せよ。

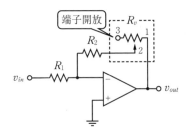

問図4.2 可変抵抗器の端子を開放
したゲイン調整回路

解答 可変抵抗器の端子を開放した問図4.2の使い方でも、ゲイン調整は可能である。しかし、開放状態での使用は避けた方がよい。理由は、機械部品でもある可変抵抗器のなかの摺動子が抵抗体から離れたとき、つまり問図4.2で可変抵抗器の2番の接触が離れると、帰還パスのインピーダンスは無限大になり、オペアンプの出力が飽和するからである。

一方、端子を開放しない場合（図4.1.2(b)参照）、2番端子が抵抗体から離れても1-3端子は接続されている。したがって、帰還パスの抵抗が無限大になることは避けられる。

【4.4】 負帰還と正帰還を併用した回路

問図 4.3 は，負帰還と正帰還を併用した回路である。このことを確認せよ。

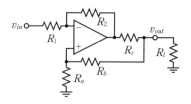

問図 4.3 負帰還と正帰還を併用した回路

[解答] 負帰還・正帰還の区別を付けたいとき，解図 4.1 を参照して，入力 v_{in} に正弦波信号①が印加されたときの各部の信号極性を調べればよい。

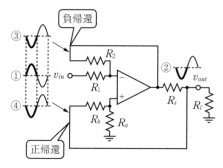

解図 4.1 負帰還と正帰還のパス

まず，v_{in} への正弦波信号①は，R_1 を介して反転端子に入力されており，したがってオペアンプの出力 v_{out} は信号①に対して極性反転した信号②となる。そして，信号②は R_2 を介して R_1 と同様の非反転端子に接続されている。つまり，信号①に対する③の極性は反転しているので負帰還である。

一方，信号②は，R_a と R_b によって，信号④のように非反転端子にフィードバックされている。信号④は非反転端子に入力されているので，信号④の入力に基づく出力は，④と同極性の②になる。したがって，正帰還になっている。

【4.5】 出力インピーダンス R_{out} の算出

演習問題【4.4】の問図 4.3 に示す回路の出力インピーダンス R_{out} を求めよ。

[解答] R_{out} を求めるため，まず入力 $v_{in}=0$ とし，負荷抵抗 R_l を外す。そのうえで，解図 4.2 に示すように，出力側に電源 v_{out} を接続して，電流 i を流し込む（図 1.1.4 と同様の手順）。このとき，回路方程式は式 (1), (2) となる。

$$i = \frac{v_{out}}{R_a + R_b} + \frac{v_{out} - v}{R_s} \tag{1}$$

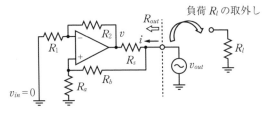

解図 4.2 出力インピーダンス R_{out} 算出のための補助図面

$$\frac{v - \dfrac{R_a}{R_a + R_b} v_{out}}{R_2} = \frac{\dfrac{R_a}{R_a + R_b} v_{out}}{R_1} \tag{2}$$

両式から v を消去すると，v_{out} と i の関係は式 (3) となる。

$$v_{out} = \frac{R_s R_1 (R_a + R_b)}{R_1 R_s + R_1 R_b - R_2 R_a} \cdot i = \frac{R_s}{1 - \dfrac{1 + \dfrac{R_2}{R_1}}{1 + \dfrac{R_b}{R_a}} + \dfrac{R_s}{R_a + R_b}} \cdot i \tag{3}$$

したがって，出力インピーダンス $R_{out} = v_{out}/i$ は式 (4) となる。ただし，$R_s \ll (R_a + R_b)$ と選ばれる。

$$R_{out} = \frac{R_s}{1 - \left(1 + \dfrac{R_2}{R_1}\right)\left(1 + \dfrac{R_b}{R_a}\right)^{-1} + \dfrac{R_s}{R_a + R_b}} \approx \frac{R_s}{1 - \left(1 + \dfrac{R_2}{R_1}\right)\left(1 + \dfrac{R_b}{R_a}\right)^{-1}} \tag{4}$$

式 (4) は，低抵抗の R_s を大きな値の R_{out} に変換し，**インピーダンス整合**（impedance matching）の条件である $R_{out} = R_l$ を実現するための関係式である。

【4.6】 容量マルチプライア

問図 4.4 は，容量 C を増加させる機能を持つ容量マルチプライアである。回路解析を行って，同図（b）に示す等価容量 C_{eq} を求めよ。

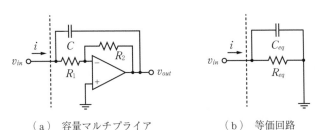

（a）容量マルチプライア　　　（b）等価回路

問図 4.4 容量マルチプライアと等価回路

146   4. 特 殊 回 路

【解答】 問図4.4（a）より，回路方程式は式（1），（2）である．

$$v_{out} = -\frac{R_2}{R_1} \cdot v_{in} \tag{1}$$

$$i = Cs(v_{in} - v_{out}) + \frac{v_{in}}{R_1} \tag{2}$$

さらに，式（1）を式（2）に代入して，問図4.4（a）において破線から右側のインピーダンスを求める．すなわち，入力 v_{in} と電流 i を使って式（3）となる．

$$\frac{i}{v_{in}} = \frac{1}{R_1} + C\left(1+\frac{R_2}{R_1}\right)s = \frac{1}{R_{eq}} + C_{eq}s \tag{3}$$

式（3）より，問図4.4（a）は同図（b）の等価回路で表現でき，C_{eq} は式（4）となる．つまり，C は「1＋反転アンプのゲイン」倍される．

$$C_{eq} = C\left(1+\frac{R_2}{R_1}\right) \tag{4}$$

【4.7】 電圧制御による可変容量マルチプライアとその応用

問図4.5の破線の四角は，マルチプライア MC1494 を使った可変容量マルチプライアである．制御電圧 v_y によって，コンデンサ C_0 の容量を可変にできることを示せ．さらに，問図4.5全体が意味している応用を解説せよ．

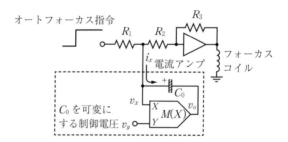

問図4.5 電圧制御による可変容量マルチプライア

【解答】 問図4.5を参照して，マルチプライア $M(X)$ の入出力特性は，入力電圧 v_x，v_y，そして出力電圧 v_o とおいて式（1）で表せる．

$$v_o = \frac{v_x \cdot v_y}{10} \tag{1}$$

ここで，電流 i_x は $M(X)$ の端子 X には流れ込まずにコンデンサ C_0 に流れること，および式（1）を併用すると式（2）が成り立つ．

$$i_x = C_0 s(v_x - v_o) = C_0 s(v_x - 0.1 v_x v_y) \tag{2}$$

したがって，アドミタンス i_x/v_x は式 (3) となる．

$$\frac{i_x}{v_x} = C_0(1-0.1v_y)s \tag{3}$$

式 (3) は C_0 が制御電圧 v_y によって調整できることを意味する．

次に，問図 4.5 は，光記録の中核デバイスである光ヘッドにおいて，この対物レンズを合焦点位置へ引き込む，すなわちオートフォーカスの回路構成を示している．ほとんどの場合，解図 4.3 (a) に示すように，フォーカスコイルにランプ状の電流を通電することによって，対物レンズを合焦点位置まで引き上げる．駆動回路の一構成は，同図 (b) である．矩形状のオートフォーカス指令を積分回路に印加したときの出力であるランプ信号に基づいて，フォーカスコイルに電流を流す．ここで，ランプ波形の傾きが急峻なとき，合焦点位置を検出して以降のサーボ投入のタイミ

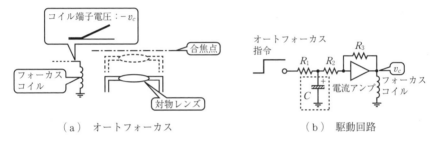

(a) オートフォーカス　　　　(b) 駆動回路

解図 4.3　オートフォーカスと駆動回路の構成

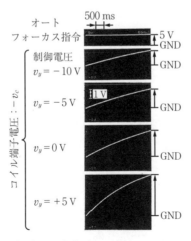

解図 4.4　制御電圧 v_y によるコイル端子電圧 v_c の変化

ングが間に合わない。結果として，フォーカスサーボの投入に失敗する。すなわち，適切な傾斜を持つランプ波形とせねばならず，そのためには積分回路の時定数を調整する必要がある。具体的に，解図4.3(b)に示すコンデンサCの値を適切に設計せねばならない。Cの付替えを省くため，問図4.5のように，制御電圧v_yによって，コンデンサの容量C_0を適宜に変化させている。**解図4.4**に，v_yに応じてランプ状のコイル端子電圧v_cの傾斜を変化させた実測結果を示す。同図と式(3)を参照して，v_yが負の電圧のときコンデンサ容量は増大し，積分回路の時定数も増加するのでランプ波形の傾斜は緩慢になる。一方，v_yに正の電圧を印加したときコンデンサ容量は減少し，時定数は小さくなるのでランプ波形の傾斜が急峻になることがわかる。

5 電流アンプ

　下図の左側の吹出しは位置決めテーブルの駆動機構を，右側はコンパクトディスクプレーヤに使われている情報読込み用の光ヘッドの一部を示す。閉じた制御システムであるサーボ系において，いずれも制御対象とよばれる。

　ここで，位置決めテーブルを動かすために電磁モータが使われており，同モータを駆動するには電流アンプが必要である。同様に，ディスク面の情報を捕捉する対物レンズをフォーカスおよびトラッキング方向に動かすには，図示していない永久磁石の磁場中にあるフォーカスコイルとトラッキングコイルに電流が通電される。本章では，これらの電磁アクチュエータに電流を通電する電流アンプの回路構造を学ぶ。

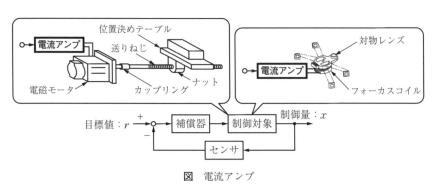

図　電流アンプ

5.1　電流フィードバックとは
　　　（DC モータの電流ドライブ回路）

　DC モータが発生するトルクを τ〔N·m〕，同モータのコイルに通電する電流を i〔A〕とおく。さらに，トルク定数を k_t〔N·m/A〕とおくと式 (5.1.1) の

関係がある.

$$\tau = k_t \cdot i \tag{5.1.1}$$

単純な式であるが,モータ軸に接続されたメカニカル機構を駆動する源は,トルク τ であり,これを生成する直接的な物理量が電流 i であることを示す.つまり,τ を管理するには,i を思いどおりに通電できねばならない.

ところが,DC モータに代表される電磁アクチュエータの場合,電流 i を高周波数領域にわたって,指令どおりに通電するためには,電流アンプに工夫をこらさねばならない.モータの電機子巻線はインダクタンスであり,力学系に置き換えたアナロジーでいえば慣性質量に相当するためである.つまり,重い質量の物体を動かす,あるいは止めることは容易ではない.同様に,インダクタンスに電圧を印加する回路構造のままで,高速に切り替わる電流を通電することはできない.

この事情は数式から理解できる.インダクタンス L_m で抵抗 R_m の巻線に,電圧 v を印加したときに流れる電流 i は式 (5.1.2) である.

$$i = \frac{1}{R_m + L_m s} \cdot v = \frac{1}{R_m} \frac{1}{1 + \frac{L_m}{R_m} s} \cdot v \tag{5.1.2}$$

式 (5.1.2) が意味することは,L_m が大きい電磁アクチュエータの場合,時定数 L_m / R_m [s] も大きくなり,したがって,周波数が高い v に応じて,i は流れない.つまり,式 (5.1.1) から,τ も高速には生成されない.そうすると,τ によって駆動されるメカニカル機構も高速な動作は期待できない.

高速化するために,**電流フィードバック**（current feedback）が施される.**図 5.1.1** は,電磁アクチュエータの一つである直流（DC）モータに電流を通電する回路例である.同図で太線部が電流フィードバックに相当する.**図 5.1.2** は,指令電圧 v_{in} の印加に対する電流検出アンプ出力 v_c までのボード線図である.1 kHz の入力信号まで,この指令どおりに電流を流せている.

図 5.1.1 以外の回路例を**図 5.1.3** に示す.同図の太線箇所が電流フィードバックである.ここでは電流検出用にホールセンサを使用しており,電流変換

5.1 電流フィードバックとは（DC モータの電流ドライブ回路） 151

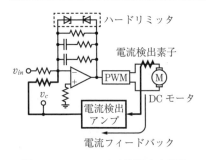

図 5.1.1　DC モータを駆動する電流アンプ（その 1）

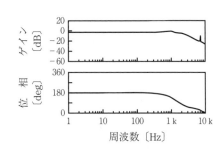

図 5.1.2　図 5.1.1 の実測のボード線図 v_c/v_{in}

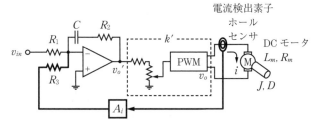

図 5.1.3　DC モータを駆動する電流アンプ（その 2）

ゲイン A_i〔V/A〕を介して，オペアンプで構成する PI 補償器の前段に負帰還されている．図示の記号を使って，PI 補償器で成立している回路方程式は式 (5.1.3) である．

$$\frac{v_{in}}{R_1}+\frac{A_i(-i)}{R_3}=\frac{-v'_o}{R_2+(1/Cs)} \tag{5.1.3}$$

式 (5.1.3) を v_0' について解いて式 (5.1.4) を得る．

$$v'_o=-A_i\frac{1+R_2Cs}{R_3Cs}\left\{\frac{R_3}{R_1A_i}\cdot v_{in}+(-i)\right\} \tag{5.1.4}$$

さらに，式 (5.1.4) の電流アンプを使い，かつインダクタンス L_m〔H〕，抵抗 R_m〔Ω〕，トルク定数 k_t〔N·m/A〕，誘起電圧係数 k_e〔V·s/rad〕，イナーシャ J〔kg·m^2〕，そして粘性比例係数 D〔N·m/(rad/s)〕の DC モータを駆動したときのブロック線図は図 5.1.4 である．

ここで，図 5.1.4 の破線の四角内には，PI 補償器が用いられる．しかし，

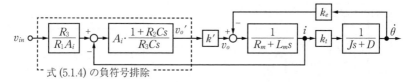

図5.1.4 図5.1.3の電流フィードバック系とDCモータの駆動時のブロック線図

この補償に代えて，P補償器を用いても電流フィードバックはかけられる．これらの補償器がもたらす効果の差異を知るために，**図5.1.5**に解析用のブロック線図を示す．ただし，同図（a），（b）では図5.1.4における逆起電力項$k_e\dot{\theta}$を**外乱**（disturbance）dとみなす．以下に，図5.1.5（a），（b）ごとに解析結果を示す．

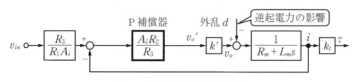

（a）P補償器を使用した場合

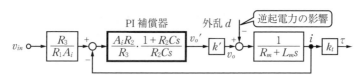

（b）PI補償器を使用した場合

図5.1.5 逆起電力項を外乱dとみなす2種類の電流フィードバック系

① P補償器を用いた図5.1.5（a）の場合

トルク$\tau=k_t i$であるから，指令どおりのτを生成するには，電流iが入力v_{in}に追従することが必要である．図5.1.5（a）のブロック線図から，iは式(5.1.5)となる．

$$i = \frac{R_2 k'}{R_1} \cdot \frac{1}{R_m + \dfrac{A_i R_2 k'}{R_3} + L_m s} \cdot v_{in} - \frac{1}{R_m + \dfrac{A_i R_2 k'}{R_3} + L_m s} \cdot d \quad (5.1.5)$$

同式右辺の分母から，1次遅れの時定数は

5.1 電流フィードバックとは（DCモータの電流ドライブ回路）

$$\frac{L_m}{R_m + \dfrac{A_i R_2 k'}{R_3}} \quad [\mathrm{s}]$$

である。この値は，電流フィードバックなしの時定数 L_m/R_m 〔s〕よりも明らかに小さくできる。したがって，P補償器を使った電流フィードバックにより，v_{in} によく追従する電流アンプが実現される。

ところが，式 (5.1.5) 右辺第2項の影響は残存することに注意したい。具体的に，外乱 d〔V〕が振幅 d_0 のステップのとき，つまり $d = d_0/s$ のとき，最終値定理を使って $t \to \infty$ の電流値 $i(\infty)$ は

$$i(\infty) = \lim_{s \to 0} s \left(-\frac{1}{R_m + \dfrac{A_i R_2 k'}{R_3} + L_m s} \cdot \frac{d_0}{s} \right) = -\frac{d_0}{R_m + \dfrac{A_i R_2 k'}{R_3}} \quad (5.1.6)$$

となる。つまり，ここでは $v_{in} = 0$ として式 (5.1.5) 右辺第1項は無視したが，v_{in} に信号が入力されたときには，この入力に基づかない式 (5.1.6) の成分が残存する。

② PI補償器を用いた図 5.1.5 (b) の場合

図 5.1.5 (b) のブロック線図から，電流 i は式 (5.1.7) となる。

$$i = \frac{R_2 k'}{R_1} \cdot \frac{1 + Ts}{Ts(R_m + L_m s) + \dfrac{A_i R_2 k'}{R_3}(1 + Ts)} \cdot v_{in}$$

$$- \frac{Ts}{Ts(R_m + L_m s) + \dfrac{A_i R_2 k'}{R_3}(1 + Ts)} \cdot d \quad (5.1.7)$$

ただし，$T = R_2 C$ とおく。ここで，式 (5.1.5) 右辺第2項と対比して，式 (5.1.7) 右辺第2項の分子には微分器 s があることに注意したい。式 (5.1.6) と同様に，$v_{in} = 0$ として式 (5.1.7) 右辺第1項は無視して，$d = d_0/s$ のときの $t \to \infty$ の電流値 $i(\infty)$ は

$$i(\infty) = \lim_{s \to 0} s \left(-\frac{Ts}{Ts(R_m + L_m s) + \dfrac{A_i R_2 k'}{R_3}(1 + Ts)} \cdot \frac{d_0}{s} \right) = 0 \quad (5.1.8)$$

となる. 式 (5.1.6) では有限値の影響が残るが, 式 (5.1.8) では外乱 d の影響を定常状態では零にできる.

さらに, PI 補償器の時定数 $T=R_2C$ を DC モータの時定数 L_m/R_m と等しくなるように選んだとき

$$i = \frac{R_2 k'}{R_1} \cdot \frac{1}{\dfrac{A_i R_2 k'}{R_3} + R_m T s} \cdot v_{in} - \frac{T s}{\left(\dfrac{A_i R_2 k'}{R_3} + R_m T s\right)(1+T s)} \cdot d \quad (5.1.9)$$

であり, v_{in} に対する応答性を容易に把握できる式変換を行って式 (5.1.10) となる.

$$i = \frac{R_3}{A_i R_1} \cdot \frac{1}{1+\dfrac{R_m R_3 T}{A_i R_2 k'} s} \cdot v_{in} - \frac{R_3}{A_i R_2 k'} \cdot \frac{T s}{\left(1+\dfrac{R_m R_3 T}{A_i R_2 k'} s\right)(1+T s)} \cdot d \quad (5.1.10)$$

式 (5.1.10) 右辺第 1 項の分母より, v_{in} の入力に対する i の応答性を表す時定数と電圧・電流の変換ゲインは, それぞれ

時定数: $\dfrac{R_m R_3 T}{A_i R_2 k'}$ [s], 変換ゲイン: $\dfrac{R_3}{A_i R_1}$ [1/Ω]

である. PI 補償器の時定数は, $T=R_2C=L_m/R_m$ となるように, つまり DC モータの時定数と同じに選んでいる. 変換ゲインを変えずに時定数を小さくするためには, k' を大きく設定すればよい.

5.2 電流フィードバックの有無による比較

5.1 節では, インダクタンスによる遅れを補償する電流フィードバックがすでに組み込まれている回路例を示した. 本節では, 電流フィードバックをかける意味を知るために, 同フィードバックがない図 5.2.1 (a)(電圧フィードバック) と, 電流フィードバック付きの回路 (b) を対比する. ここでは, 負荷のインダクタンスを L_l, 抵抗を R_l, そして電流検出抵抗を r とおく.

まず, 図 5.2.1 (a) の場合, 負荷に流れる電流 i は

5.2 電流フィードバックの有無による比較

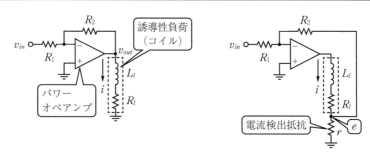

（a）電流フィードバックなし　　（b）電流フィードバックあり

図 5.2.1 誘導性負荷の駆動回路

$$i = \frac{1}{R_l + L_l s} \cdot v_{out} = -\frac{1}{R_l + L_l s} \cdot \frac{R_2}{R_1} v_{in} \tag{5.2.1}$$

である。一方，図 5.2.1（b）の誘導性負荷に流れる i を求めるための回路方程式は

$$\frac{v_{in} - 0}{R_1} = \frac{0 - e}{R_2} \tag{5.2.2}$$

$$\frac{0 - e}{R_2} + i = \frac{e}{r} \tag{5.2.3}$$

である。式 (5.2.2)，(5.2.3) より，入力 v_{in} の印加によって通電される i は式 (5.2.4) で表される。

$$i = -\left(\frac{1}{r} + \frac{1}{R_2}\right) \cdot \frac{R_2}{R_1} v_{in} \tag{5.2.4}$$

ここで，$R_2 \gg r$ と選ぶので，式 (5.2.4) は，設計にあたって実用的に用いられる式 (5.2.5) を得る。

$$i = -\frac{1}{r} \cdot \frac{R_2}{R_1} v_{in} \tag{5.2.5}$$

電流フィードバックがない式 (5.2.1) と，同フィードバックを施した式 (5.2.4)（あるいは式 (5.2.5)）の対比から，前者の応答は時定数 L_l/R_l [s] の影響を受ける。一方，電流フィードバックをかけた場合には，時定数の影響が入り込まない。

このことを実測結果で示す．**図 5.2.2** は誘導性負荷を電流フィードバックの有無で比較した周波数特性である．同図上段は電流フィードバックなしであり，式 (5.2.1) 右辺の時定数 L_l/R_l によって，150 Hz あたりからゲインの低下と位相遅れが発生している．一方，図 5.2.2 下段は，式 (5.2.5) に相当する電流フィードバックをかけたときの周波数特性である．上段と比較して，周波数帯域が明らかに広げられている．

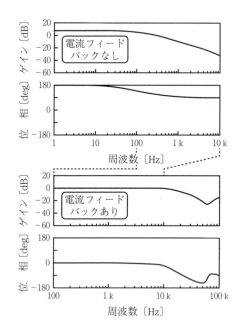

図 5.2.2 電流フィードバックの有無による周波数特性の差異

なお，図 5.2.1（b）をトポロジカルに書き直すと**図 5.2.3** となる．負荷 Z_l の一端が接地されていない「浮いた」状態であることを強調する描き方である．電圧・電流変換器 VIC（voltage to current converter）とも称する同図を参照して，最大電流 i_{max} のほぼすべてが Z_l と r の直列インピーダンスに流れるので，オペアンプの出力 v_{omax} は

$$|v_{omax}| \approx (Z_l + r) \cdot |i_{max}| \tag{5.2.6}$$

となる．つまり，**パワーオペアンプ**（power operational amplifier）に供給する電圧は，式 (5.2.6) を満たす必要がある．

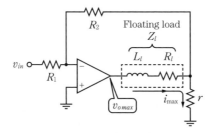

図 5.2.3　Floating load を強調する駆動回路の図面（図 5.2.1（b）の書直し）

5.3　電流アンプと補償器の一体化

　電磁アクチュエータの駆動は，フレミングの左手の法則に基づく．したがって，力をコントロールする主体の物理量は電流である．ここで，図 5.2.1 と等価であり，同図と同様に機能する**電流ブースタ**（current booster）付きの回路構造で描くと**図 5.3.1** のようである．ここで，電流ブースタとは，オペアンプの定格をこえる電流を吐出し・吸込みして出力電流とする回路である．

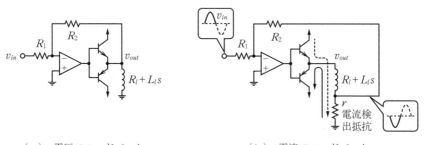

（a）電圧フィードバック　　　　　　（b）電流フィードバック

図 5.3.1　電流ドライブ回路

　いずれの回路も，入力電圧 v_{in} に比例した電流 i を負荷であるコイルに通電する機能を持つ．特に，図 5.3.1（a）が産業用の機器に組み込まれる場合，電流を流すと同時に補償器としての機能も併せ持つように構成されることがある．

具体的に，**図5.3.2**上段のように，機能の観点では補償回路と電流ドライブ回路を個別に設計・製作した方が見通しはよいが，これらを同図下段のように一体として設計・製作することがある．

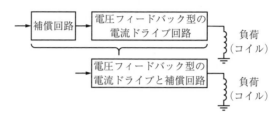

図5.3.2 電流アンプと補償回路の一体化

図5.3.2下段の具体的な回路例は**図5.3.3**である．同図（a）は負荷のコイルに電流を流すために，**コンプリメンタリペア**（complementary pair）の2SC2236と2SA966を電流ブースタとし，併せて位相進み遅れ補償の機能を持たせた回路となっている．

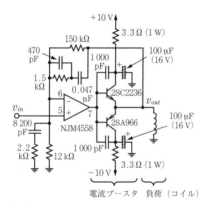

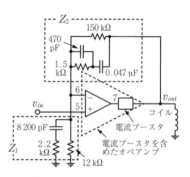

（a）電流ブースタを使った電圧フィードバックの電流アンプ

（b）回路計算のための考え方

図5.3.3 補償付きの電圧フィードバック型電流アンプの回路側

まず，電流ブースタ周りの素子の機能を説明する．以下のとおりである．
・電源フィルタ：±10 V電源に抵抗 3.3 Ω と電解コンデンサ 100 μF を接続する．

5.3 電流アンプと補償器の一体化

・発振防止:トランジスタ 2SC2236 と 2SA966 のコレクタ-ベース間に 1 000 pF のコンデンサを接続する。

次に,図 5.3.3(a)の伝達関数 v_{out}/v_{in} を計算する。このとき,同図(b)において三角の破線で示すように,オペアンプと電流ブースタを含めた一体のオペアンプとみなす。したがって,v_{out}/v_{in} は,非反転アンプの公式を適用して式 (5.3.1) となる。

$$\frac{v_{out}}{v_{in}} = 1 + \frac{Z_2}{Z_1} \tag{5.3.1}$$

ただし,Z_1 と Z_2 は図 5.3.3(b)において四角の破線で囲む部分のインピーダンスである。

図 5.3.3 では,コンプリメンタリペア 2SC2236 と 2SA966 を用いて電流ブースタを構成したが,これら電流駆動素子があらかじめ組み込まれていれば便利である。**図 5.3.4** は信号処理用のオペアンプと電流ブースタをハイブリッド化したパワーオペアンプ(STK6922)を使った補償付き電流アンプである。

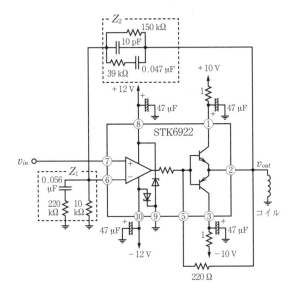

図 5.3.4 パワーオペアンプを使った補償と電流駆動

まず，同図において，伝達関数 v_{out}/v_{in} の計算には登場しない素子の機能を説明しておく．以下のとおりである．

・電源フィルタ：±12 V 電源の電解コンデンサ，±10 V 電源に接続の 1 Ω と 47 μF の RC フィルタ．信号処理に ±12 V 電源を，電流ドライブのために ±10 V 電源を使う理由はノイズ対策である．

・② - ⑤ 間の 220 Ω：電流制限抵抗である．

伝達関数 v_{out}/v_{in} は，式 (5.3.1) と同様である．すなわち，図 5.3.4 の破線の四角で囲む部分のインピーダンス Z_1, Z_2 を求め，非反転アンプの伝達関数を適用することになる．

5.4　パワーデバイスの保護回路

パワーデバイスがオフしたとき，インダクタンスに蓄積されたエネルギーによる過電圧から同デバイスを保護しないと破壊を招く．そのため，パワーデバイス保護の目的で，**スナバ回路**（snubber circuit）が挿入される．

図 5.4.1 は，パワーオペアンプを使って電磁アクチュエータのコイルに電流を流す回路例であり，四角の破線で囲む箇所に，フライホイールダイオードが挿入されている．「還流ダイオード」あるいは「回生ダイオード」とも呼称され，パワーデバイスの電流断続によりコイルで発生した起電力をダイオードの順方向に流す役割を持つ．

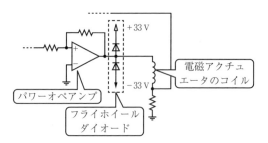

図 5.4.1　フライホイールダイオードの付加

図 5.4.2 は，信号処理用のオペアンプ次段にダーリントン接続された電流ブースタを備える電流アンプの回路例である．いずれもコイルと並列にスナバ

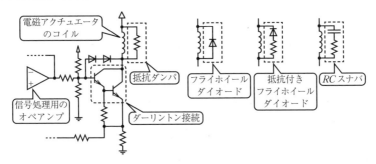

図 5.4.2 各種のスナバ回路

回路を接続している。左側から，(i) 抵抗ダンパ，(ii) フライホイールダイオード，(iii) 抵抗付きフライホイールダイオード，そして (iv) RC スナバである。ここで，(i) は誘導性負荷のコイルに蓄えられたエネルギーを抵抗で消費する方法，(ii) は還流させる方法，(iii) は還流と同時に抵抗で消費させる方法，そして (iv) は誘導性負荷に起因するリンギングを RC 付加によってダンピングをかけるとともに高速なエネルギー消費を図る方法である。

5.5 圧電素子の駆動回路

電磁アクチュエータを駆動するための直接的な物理量は電流である。そして，電流の通電によって推力が発生する力（ちから）性のアクチュエータといえる。一方，図 5.5.1 に示す圧電素子は，電圧の印加によって変位が発生する変位性のアクチュエータである。

図 5.5.2 は圧電素子を使った位置決め制御系のブロック線図である。定常位

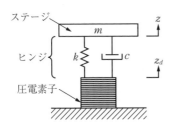

図 5.5.1 圧電素子を使ったステージの駆動

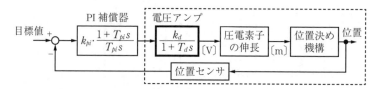

図 5.5.2 圧電素子を使った位置決め制御系のブロック線図

置偏差零の位置決めを実現するための PI 補償器を備え，この出力で圧電素子に高圧を印加する電圧アンプを駆動する．

ここで，四角の破線で囲む部分の周波数応答を**図 5.5.3** に示す．まず，同図（a）は，PI 補償器を接続していない開ループの周波数応答であることを示す．計測可能な理由は，電圧アンプを含めて圧電素子を備える位置決め機構が**定位系**[†]（static system, self-regulation system）のためである．続いて，図 5.5.3

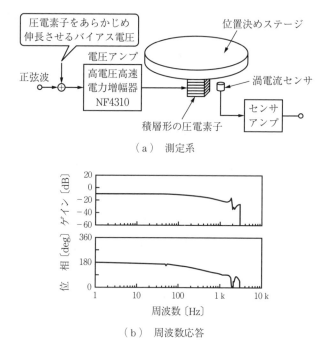

（a）測定系

（b）周波数応答

図 5.5.3 電圧アンプから位置決め機構の変位までの周波数応答

[†] 一定値の入力に対して，出力も一定値になる制御対象．

5.5 圧電素子の駆動回路

(b)には実測の周波数応答を示す。

多くの場合，圧電素子を駆動するために電圧アンプが使われる。まれに電流アンプが使われることもある。**図 5.5.4** に電流アンプの例を示そう。このアンプを使用した場合，図 5.5.3（a）のように，開ループの状態で周波数応答を取得することはできない。なぜならば，電流アンプで圧電素子を駆動したときの特性が，**無定位系**† (astatic system) になるからである。具体的に，電気的にはコンデンサ C_{pie} である圧電素子に電流 i を流したとき，同素子両端の電圧 v_{pie} は，式 (5.5.1) となり積分器 $1/s$ が含まれる。したがって，無定位系のドライブ特性となる。

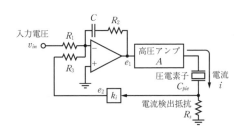

図 5.5.4 圧電素子を駆動する電流アンプの一例

$$v_{pie} = \frac{1}{C_{pie}s} \cdot i \tag{5.5.1}$$

さらに入力 v_{in} に対する電流 i の詳しい特性を得るために，図 5.5.4 の回路を解析する。まず，式 (5.5.2) から式 (5.5.4) が成り立つ。

$$\frac{v_{in}}{R_1} + \frac{e_2}{R_3} = -\frac{e_1}{R_2 + \frac{1}{Cs}} \tag{5.5.2}$$

$$i = \frac{Ae_1}{R_s + \frac{1}{C_{pie}s}} \tag{5.5.3}$$

$$e_2 = k_i R_s i \tag{5.5.4}$$

ここで，$\alpha = k_i R_s / R_3$，$\beta = C/AC_{pie}$ を導入して整理すると，電流 i は式 (5.5.5) となる。

---

† 有限の入力に対して出力が発散する制御対象。

$$i = -\frac{R_3}{R_1 k_i R_s} \cdot \frac{1}{1+\dfrac{\beta}{\alpha}} \cdot \frac{1+R_2 Cs}{1+\dfrac{\alpha R_2 C + \beta R_s C_{pie}}{\alpha+\beta}s} \cdot v_{in} \qquad (5.5.5)$$

すでに示した図5.1.3のDCモータに対する電流アンプと同様に，図5.5.4でも補償器としてPI補償を採用している．しかし，式(5.5.5)右辺から明らかなように，高周波数領域では，ロールオフしない．圧電素子によってメカニカル機構を駆動するとき，高周波数領域まで駆動能力があり過ぎると高周波ダイナミクスを不必要に刺激して不安定化するおそれがあるため，駆動特性はロールオフさせておきたい．そこで，高周波数領域でゲインを減衰させるために，式(5.5.5)において$R_2=0$とおく．すなわち，PI補償に代えてI補償のとき式(5.5.6)となる．

$$i = -\frac{R_3}{R_1 k_i R_s} \cdot \frac{1}{1+\dfrac{\beta}{\alpha}} \cdot \frac{1}{1+\dfrac{\beta R_s C_{pie}}{\alpha+\beta}s} \cdot v_{in} \qquad (5.5.6)$$

したがって，ピエゾ素子の両端電圧v_{pie}は

$$v_{pie} = \frac{1}{C_{pie}s} \cdot i = -\frac{1}{(\alpha+\beta)R_1 C_{pie}s} \cdot \frac{1}{1+\dfrac{\beta R_s C_{pie}}{\alpha+\beta}s} \cdot v_{in} \qquad (5.5.7)$$

となる．

ここで，式(5.5.7)右辺に，積分器$1/s$があることに再び注意したい．ステップ状の目標値に定常偏差零で追従させるには，閉ループ中に積分器$1/s$を挿入せねばならない．そのため，3.3節のPI補償器，あるいは3.4節のPID補償器をサーボ系で用いる必要があった．ところが，圧電素子の駆動に，図5.5.4の電流アンプを使用したとき，式(5.5.7)のように圧電素子の駆動特性それ自体に積分器$1/s$が存在する．そのため，補償器にPI補償器を採用すると，閉ループ系に2個の積分器を備えることになり安定性の確保が難しい．したがって，図5.5.5に示すように，補償としてゲインk_pのP補償器だけを実装する．

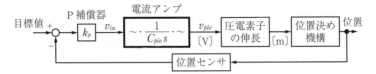

図 5.5.5 圧電素子の駆動に電流アンプを使った位置決め制御系

演 習 問 題

【5.1】 電流フィードバック不採用の理由

図 5.3.3,図 5.3.4 の電流駆動の方式は電圧フィードバックである。電流フィードバックを採用していない理由を推定せよ。

解答 誘導性負荷に電流を流したときの遅れを補償するために電流フィードバックを採用することはごく自然で,かつ一般的な回路設計である。しかし,インダクタスが小さい場合,あるいはこれが大きいため指令電圧に対する電流の遅れが顕著でも,高速な応答を要しない用途の場合,コストをかけてまで電流フィードバックを採用する必要はない。電流検出抵抗には,電流を通電しても燃えない抵抗を選び,これを電子基板に実装する必要がある。このような抵抗はサイズが大きいし,調達および実装コストがかかるからである。

【5.2】 トルク定数 k_t と誘起電圧係数 k_e を整列して描いたブロック線図

図 5.1.4 を再掲したのが**問図 5.1** である。図中,楕円の破線で囲む太枠のブロックは上下に整列して描かれている。この理由を述べよ。

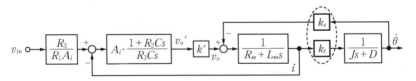

問図 5.1 ブロック線図におけるトルク定数 k_t と誘起電圧係数 k_e の配置

解答 k_t はトルク定数 [N·m/A],k_e は誘起電圧係数 [V·s/rad] である。k_t によってロータを回転させる源としてのトルクが生成され,モータシャフトが回転したことによって k_e を介して発電することが物理現象の対(つい)として生じる。さらに,DC サーボモータを使用しているので,両者の単位は異なるが数値は一致す

る。このことを陽に示すために問図5.1では，上下に整列して描かれる。もちろん，整列のブロック線図としての描画は必須ではない。

例として，QMモータ（安川電機製）のUGQMEM-04MAの仕様書を参照する。下記の数値が記載されている。

$k_t = 0.0668\,\text{N·m/A} = 0.682\,\text{kgf·cm/A}$

$k_e = 7.0\,\text{V/1 000 rpm}$

まず，k_tはSIおよび実用単位系の両者の数値が記載されている。実用単位系からSI単位への変換は下記のようになる。

$k_t = 0.682\,[\text{kg}\mathbf{f·cm}/\text{A}] = 0.682 \times \mathbf{9.8 \times 10^{-2}} = 0.0668\,[\text{N·m/A}]$

次に，k_eについては実用単位系の数値だけが記載されている。1 000 rpmの回転をしたとき7.0 Vの発電をするという記載であり物理的にわかりやすい。ところが，数値計算を行う場合には，SI単位へ変換する必要がある。以下の計算を行う。

$k_e = 7.0\,[\text{V}/1\,000\,\text{rpm}] = 0.007\,[\text{V}/\mathbf{rpm}] = 0.007/(\mathbf{2\pi/60})$

$ = 0.0668\,[\text{V·s/rad}]$

つまり，SI単位におけるk_tとk_eの両者の数値は一致する。

【5.3】 電流検出抵抗の抵抗値，定格電力，そしてグランドの分離

問図5.2に電流アンプを示す。コイル抵抗と電流検出抵抗の大小関係，電流検出抵抗の定格電力，そしてグランドが異なることについて説明せよ。

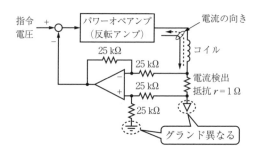

問図5.2　電流アンプ

〔解答〕

［コイル抵抗と電流検出抵抗の大小関係］　　例えば，コイル抵抗が9Ωのとき，この値よりも電流検出抵抗のそれは小さいものが選ばれる。理由は，コイルに電流を流して電磁力を得ることが目的であり，電流検出抵抗を大きくすると，この電流を絞るからである。加えて，電流検出抵抗を大きくしたとき，式(5.2.6)よりパワーオペアンプに供給する電源の上昇を招く。

［電流検出抵抗の定格電力］　　周知のように，抵抗rに電流Iを流したときの消費

電力 P は，$P=rI^2$ である。問図 5.2 の場合，最大電流とともに突入電流の値から，電流検出抵抗 r を焼損させない定格電力のものを選択する。

［**グランドの違い**］　問図 5.2 は電流ブースタとアナログ信号処理回路が一体となった電流アンプである。電流ブースタのグランドの電位は，電流の変化が大きいとき変動する。これがアナログ信号処理に影響しないようにグランドを分離している。

【5.4】 ブリッジ形の電流アンプ

問図 5.3 は，ブリッジ形の電流アンプである。演習問題【5.3】の問図 5.2 の電流アンプと対比して，電流の流れ方を説明せよ。

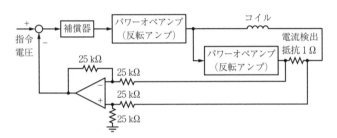

問図 5.3　ブリッジ形の電流アンプ

【**解答**】　解図 5.1（a）を参照して，パワーオペアンプの電源 $+V_{CC}$ からグランドに向かって流れる電流は実線で示される。これと逆方向の破線の電流は，グランドから電源 $-V_{CC}$ に向かって流れる。一方，同図（b）のブリッジ形の電流アンプでは，実線の電流はパワーオペアンプ 1 の電源 $+V_{CC}$ からパワーオペアンプ 2 の $-V_{CC}$ に向かって流れる。これと逆方向の破線の電流は，パワーオペアンプ 2 の電源 $+V_{CC}$ からパワーオペアンプ 1 の $-V_{CC}$ に向かって流れる。

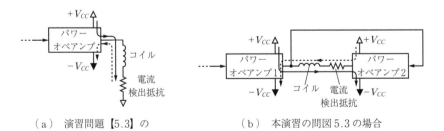

解図 5.1　電流の流れ方の比較

したがって，解図5.1（a），（b）の電源±V_{CC}と，負荷であるコイルおよび電流検出抵抗が同一という条件で，同図（a）に比べて図（b）の方が2倍の電流を流せる。

【5.5】 PWMの発振回路

DCモータを駆動する電流アンプはPWM（パルス幅変調，pulse width modulation）方式であり，調査するとスイッチング用の発振回路がある。**問図 5.4（a）に発振波形を，同図（b）に発振回路を示す。計測結果から発振周波数を算出せよ。次に，回路解析をして発振周波数** $f_{osc}(=1/T_{osc})$ **をパラメトリックに求めよ。**

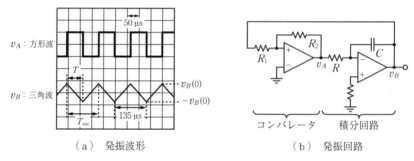

（a）発振波形 　　　　　　　（b）発振回路

問図5.4 発振波形と発振回路

［解 答］ 発振周期T_{osc}は，問図5.4（a）に記載のとおり135 μsである。したがって，発振周波数$f_{osc}(=1/T_{osc})$は7.4 kHzとなる。なお，電流駆動素子のスイッチングは，主発振7.4 kHzの2倍となっており，したがって，カタログ記載の公称キャリヤ周波数15 kHzとほぼ一致する。

まず，問図5.4（b）より，**方形波**（square wave）のv_Aは積分回路に入力され，この出力がv_Bとなっている。したがって，伝達関数は$v_B/v_A = -1/(RCs)$であり，$sv_B = (-1/RC)v_A$となる。これを時間領域で表現すると式(1)となる[†]。

$$\frac{dv_B}{dt} = -\frac{1}{RC} \cdot v_A \tag{1}$$

ここで，v_Bの極性反転の瞬間を$v_B(0)$，すなわち初期値とおいて，式(1)を解くと式(2)を得る。

[†] 時間関数$f(t)$のラプラス変換を大文字で$F(s)$と記載する慣例がある。しかし，大文字と小文字の区別を付けなくとも工学応用の場面で間違いは生じない。

$$v_B(t) = v_B(0) - \frac{v_A}{RC} \cdot t \tag{2}$$

三角波（triangle wave）v_B の半周期は，$v_B(t)$ が極性反転電圧に達するまでの時間 T である．このときの電圧は

$$v_B(T) = -v_B(0) \tag{3}$$

である．式 (3) を $t = T$ のときの式 (2) に代入して

$$T = -\frac{2v_B(T)}{v_A}RC \tag{4}$$

である．ここで，問図 5.4（b）のコンパレータが極性反転する条件は

$$\frac{v_B}{R_1} = -\frac{v_A}{R_2} \tag{5}$$

であり，したがって，$v_B/v_A = -R_1/R_2$ を式 (4) に代入する．結果として，発振周期 T_{osc} と発振周波数 f_{osc} は，それぞれ式 (6)，(7) となる．

$$T_{osc} = 2T = \frac{4R_1RC}{R_2} \tag{6}$$

$$f_{osc} = \frac{1}{T_{osc}} \tag{7}$$

【5.6】PWM アンプの複数台使用

問図 5.5 は，市販の PWM アンプを複数台実装したようすを示す．これらアンプを同時に使って多軸のメカニカル機構を駆動させたところ，同機構が低い周波数で揺れる現象を招いた．理由と対策を考察せよ．

問図 5.5 PWM アンプの複数台実装

解答 演習問題【5.5】の PWM のキャリヤ周波数は実測で 7.4 kHz であった．この発振回路では，演習問題【5.5】の問図 5.4（b）に記載したように，R と C が用いられる．ここで，素子値にはそれぞれ精度があり，したがって型番同一の PWM アンプで公称 15 kHz ではあるが，1 台ごとに発振周波数は異なる．これらの発振周波数の差分がビートとして発生し，この周波数でメカニカル機構が駆動されたのである．

ビートをなくすため，問図 5.5 の PWM アンプのいずれかを交換したとしよう。このとき，ビートが生じない場合もあれば，より悪化することもある。恒久的な対策は，発振回路を一つにし，このキャリヤを全 PWM アンプに供給することである。ビートの発生は完全になくなる（外部周波数同期機能）。このような事情は，アクチュエータを駆動する PWM アンプに限ることはない。物理量を計測するためにキャリヤを使うセンサ装置でも，これらを近接して使用したときビートが生じることがある。この場合も，発振回路を一つにし，この信号をすべてのセンサ検出回路に供給する対策がとられる。

【5.7】 パワーオペアンプの実装

最大定格電流 10 A のパワーオペアンプを**ディレーティング**†（derating）して使う電流アンプを製作した。これをサーボ系のアクチュエータを駆動するために，問図 5.6 のように実装した。問題点を指摘せよ。

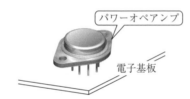

問図 5.6 パワーオペアンプの実装状態

解答 短時間のサーボ動作は可能である。しかし，連続的な稼動はさせられない。理由は，問図 5.6 の実装ではパワーオペアンプの発熱が放置されているからである。連続動作させると，**熱暴走**（thermal runaway）により素子の破壊を招く。放熱のため，解図 5.2 のように，パワーオペアンプはヒートシンク（放熱器）に実装する必要がある。

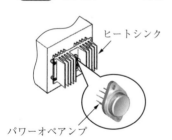

解図 5.2 ヒートシンクに実装したパワーオペアンプ

【5.8】 抵抗の焼損

問図 5.7 は，電磁アクチュエータとみなせる空圧機器の一つであるサーボバルブの駆動回路であり，PI 補償器付き電流フィードバックが施されている。結線ミスが

---

† ディレーティングとは，電子部品の定格電圧・電流よりも，余裕をとって使用することである。例えば，定格 10 A のパワーオペアンプを 5 A で使用することを意味する。ディレーティングによって故障率が下げられ，寿命が長くなる。

演　習　問　題　　　　　　　171

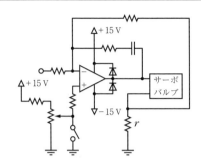

問図 5.7　サーボバルブの駆動回路

ない状態で電源を投入し，入力電圧を印加してサーボバルブに定格の最大 100 mA の電流を流す試験を行った．ところが，抵抗を燃やす事態を招いた．どこの抵抗が燃えたのかを推定せよ．

解　答　サーボバルブには最大電流 100 mA を流せる．したがって，この電流値に起因したサーボバルブそれ自体の焼損は起こらない．そのため，駆動回路内の抵抗が焼損したのである．問図 5.7 に具体的な抵抗値は記載していないが，サーボバルブのコイルに流す 100 mA は抵抗 r にそのまま流れる．したがって，定格電力が不十分な電流検出抵抗 r を実装したために，焼損を招いたと推定される．

【5.9】　インピーダンス補正回路

問図 5.8 は，インダクタンス L と抵抗 R で表される電磁アクチュエータに，電流を流す回路である．同図では，コンデンサ C と抵抗 r による直列のインピーダンス補正回路が，電磁アクチュエータと並列に接続されている．この役割を説明し，かつ C と r の設計を実施せよ．

解　答　回路を励磁する角周波数が ω〔rad/s〕のとき，インダクタンス L のインピーダンスは $j\omega L$ である．つまり，インピーダンスは高い周波数領域で増大し，電

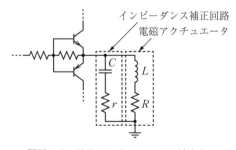

問図 5.8　電磁アクチュエータに対する
　　　　　インピーダンス補正回路

流は流れにくくなる．高周波数領域にわたって電流を流す，すなわち電磁アクチュエータを高速化するためには，同領域におけるLのインピーダンス増大を抑えればよい．高周波数領域におけるLのインピーダンス上昇を抑えることをインピーダンス補正とよぶ．

問図5.8を参照して，電磁アクチュエータとインピーダンス補正回路を合わせた総合のインピーダンスZは式(1)である．

$$Z = \frac{(R+j\omega L)\left(r+\dfrac{1}{j\omega C}\right)}{R+j\omega L+r+\dfrac{1}{j\omega C}} = R\frac{\left(1-\omega^2\dfrac{LCr}{R}\right)+j\omega\left(rC+\dfrac{L}{R}\right)}{(1-\omega^2 LC)+j\omega(R+r)C} \tag{1}$$

ここで，$r=R$と選択し，かつ$\omega^2 LC=1$を満たすCが存在する場合，式(1)は式(2)となる．

$$Z = R\frac{RC+\dfrac{L}{R}}{(R+R)C} = \frac{R}{2} + \frac{L}{2RC} \tag{2}$$

インピーダンス補正の目的は，RとLの直列で表現される電磁アクチュエータのZをRと等しくすることである．したがって，式(3)となるようにCを選ぶ．

$$C = \frac{L}{R^2} \tag{3}$$

【5.10】 コモンモードチョークの役割

問図5.9はモータMを駆動する電流アンプの出力段を示す．図中のA，Bの役割を説明せよ．

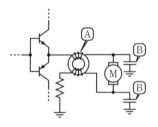

問図5.9 モータ駆動回路の出力段

【解答】 問図5.9のAはコモンモードチョークを示す．1個のコアに2本の導線を巻いた構造をとり，**解図5.3**(a)，(b)のように4端子になる．まず，同図(a)は，コアに巻線したコイルにコモンモード電流（ディファレンシャル電流とも呼称）が流れたとき，電磁誘導現象によって磁束が発生することを示す．磁束の向きは同じ方向になり，互いに強め合うためインダクタとして機能する．

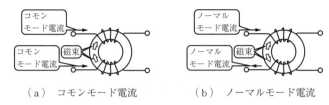

(a) コモンモード電流　　　(b) ノーマルモード電流

解図 5.3　コモンモードチョークの動作

　一方，同図 (b) は，コイルにノーマルモード電流が流れた場合であり，発生した磁束の向きは互いに逆方向になるため磁束は打ち消し合い，この電流に対してはインダクタとして機能しない。つまり，フィルタとして機能させている。

　次に，問図 5.9 の B は，モータ M の両端子に接続された高周波数成分の接地用のコンデンサである。つまり，フィルタリングを行っている。

引用・参考文献

本書で参考にした文献を以下に示す．
- 雨宮好文：現代電子回路学〔Ⅰ〕，オーム社（1979）
- 押山保常，相川孝作，辻井重男，久保田一：改訂電子回路，コロナ社（1983）
- 涌井伸二：今日からあなたも機械制御の通になる，日刊工業新聞社（2016）
- 涌井伸二，橋本誠司，高梨宏之，中村幸紀：現場で役立つ制御工学の基本，コロナ社（2012）
- 柳沢健，金光磐：アクティブフィルタの設計，産報（1973）
- 岡村廸夫：OPアンプ回路の設計，CQ出版社（1973）
- 岡村廸夫：続OPアンプ回路の設計，CQ出版社（1978）
- 横井与次郎：リニアIC実用回路マニュアル，ラジオ技術社（1975）
- 安川電機製作所：技術ノート Servopack（CPCR-FR，FB形）（1985）
- 角田秀夫：リニアICによるオペアンプの基本と応用，東京電機大学出版局（1977）
- M. E. Van Valkenburg（柳沢健監訳）：アナログフィルタの設計，産業報知センター（1985）
- 長橋芳行：DCアンプの設計，CQ出版社（1976）
- Harry W. Fox：Master Op-Amp Applications Handbook, TAB Books／No.856（1978）
- Jerald G. Graeme, Gene E. Tobey, and Lawrence P. Huelsman：Operational Amplifiers：Design and Applications, McGraw-Hill Kogakusha, Ltd.（1971）

索　　引

【あ】

圧電素子	161
アナログスイッチ	117, 118

【い】

位相遅れ補償器	77
位相進み遅れ補償器	82
位相進み補償器	59
イマジナルアース	19
イマジナルショート	19
インピーダンス整合	145
インピーダンス補正	171

【う】

ウィンドコンパレータ	132
ウィーンブリッジ	105

【え】

演算増幅器	1

【お】

オフセット	121
オフセット電圧	114
オペアンプ	1
オールパスフィルタ	96
折線近似	52
折点周波数	52

【か】

回生ダイオード	160
外乱	152
開ループゲイン	17
加減算回路	42
重ね合わせの理	42
カスケード接続	29
仮想接地	19
可変抵抗器	117
可変容量マルチプライア	146
ガルバノスキャナ	92
完全積分器	58
完全微分器	58
還流ダイオード	160

【き】

擬似積分	79
擬似積分補償器	46
逆システム	112
逆バイアス	130
極	66
極零相殺	94
金属皮膜抵抗	24

【く】

加え合せ点	39

【け】

減衰係数	88

【こ】

交流的に短絡	3
コモンモードチョーク	172
コモンモード電流	172
固有角周波数	88
コレクタ接地	6
コンプリメンタリペア	158

【さ】

最終値定理	104
最大平坦特性	86
差動アンプ	42
差動回路	1
三角波	169

【し】

実用単位系	166
時定数	51
遮断周波数	86
シャント	125
縦続接続	48
周波数伝達関数	35
出力アドミタンス	3
出力インピーダンス	4, 17
仕様書	13
小信号等価回路	2
状態	89
状態フィードバック	89
初期値定理	104

【す】

スナバ回路	160

【せ】

正帰還	21, 40
積分	50
接合型ジャンクション FET	124
絶対値回路	138
折点周波数	52
零点	66

索引

全波整流回路 138

【そ】
ソフトリミッタ 128

【た】
ダイオードゲート 134
対称形ソフトリミッタ 126
ダーリントン接続 137, 160
炭素（カーボン）皮膜抵抗 24

【つ】
ツェナーダイオード 128

【て】
定位系 162
定格電力 167
ディレーティング 170
電圧増幅度 2
電圧・電流変換器 VIC 156
電圧ホロワ 47
電界効果トランジスタ 123
電解コンデンサ 100
電源リップルフィルタ 11
伝達関数 15
電流電圧変換器 130
電流フィードバック 150
電流ブースタ 8, 157

【と】
特性多項式 88
時計方向 137
ドリフト 101

【に】
2端子対回路 60
入力インピーダンス 3, 4, 17
入力バイアス電流 113

【ぬ】
null 周波数 94

【ね】
熱暴走 170

【の】
ノッチ中心角周波数 94
ノッチフィルタ 93
ノーマルモード電流 173

【は】
バイアス電圧 136
バイアス電流 136
バイアス補償抵抗 113
バイカッド回路 86
ハイパスノッチフィルタ 110
ハイパスフィルタ 89
バタワースフィルタ 7, 33, 84
バッファアンプ 47
ハードリミッタ 128
パルス幅変調 168
パワーオペアンプ 156
反転アンプ 12, 14
半導体レーザ 10
反時計方向 137
バンドパスフィルタ 88, 89
半波整流回路 138

【ひ】
ピーク検出 140
ビート 169
ヒートシンク 170
非反転アンプ 12, 14
微 分 50
比 例 50

【ふ】
フィルムコンデンサ 24
フォトダイオード 6
負帰還 21, 40
複素共役 74
フライホイールダイオード 160

【へ】
偏 差 39

【ほ】
方形波 168
補償器 39
ボード線図 51
ボトム検出 140

【ま】
マイラコンデンサ 24

【み】
ミラー積分回路 58
ミラー微分回路 58

【む】
無定位系 163

【め】
メタル CAN 13

【よ】
容量マルチプライア 145
4端子定数 63

【ら】
ラプラス演算子 15

【り】
理想オペアンプ 19, 43
リミッタ 126

【れ】
零 点 66
レーザダイオード 10

【ろ】
ローパスノッチフィルタ 110
ローパスフィルタ 83
ロールオフ 84

索引

【B】
Bainter　　109

【C】
CCW　　137
CW　　137

【D】
DIP　　12

【E】
E24 系列　　31, 142

【F】
F パラメータ　　64

【H】
h パラメータ　　2

【I】
IV 変換器　　130

【N】
null 周波数　　94

【P】
PI 補償器　　50
PID 補償　　56
PWM　　168
PWM アンプ　　169

【S】
SI 単位　　166
SOP　　13

【T】
Twin-T 型　　106
T 型　　55

―― 著者略歴 ――

1977年 信州大学工学部電子工学科卒業
1979年 信州大学大学院修士課程修了（電子工学専攻）
1979年 株式会社第二精工舎（現セイコーインスツル株式会社）勤務
1989年 キヤノン株式会社勤務
1993年 博士（工学）（金沢大学）
2001年 東京農工大学大学院教授
　　　 現在に至る

現場で役立つ　オペアンプ回路 ―サーボ系を中心として―
Operational Amplifier Circuits in Servo System Available to Industry

© Shinji Wakui 2017

2017年7月25日　初版第1刷発行　　　　　　　　　　　　　　　★

	著　者	涍　井　伸　二
検印省略	発行者	株式会社　コロナ社
	代表者	牛来真也
	印刷所	新日本印刷株式会社
	製本所	有限会社　愛千製本所

112-0011　東京都文京区千石 4-46-10
発行所　株式会社　コロナ社
CORONA PUBLISHING CO., LTD.
Tokyo Japan
振替 00140-8-14844・電話(03)3941-3131(代)
ホームページ http://www.coronasha.co.jp

ISBN 978-4-339-00899-9　C3055　Printed in Japan　　　　（横尾）

JCOPY <出版者著作権管理機構 委託出版物>

本書の無断複製は著作権法上での例外を除き禁じられています。複製される場合は，そのつど事前に，出版者著作権管理機構（電話 03-3513-6969，FAX 03-3513-6979，e-mail: info@jcopy.or.jp）の許諾を得てください。

本書のコピー，スキャン，デジタル化等の無断複製は著作権法上での例外を除き禁じられています。購入者以外の第三者による本書の電子データ化及び電子書籍化は，いかなる場合も認めていません。
落丁・乱丁はお取替えいたします。